Java 程序设计
（IDEA）

迟呈英　杨景文　刘文林　王淑华　主　编
张　潇　胡晓辉　周演汇　副主编

清华大学出版社
北京

内 容 简 介

本书基于 Java 8 版本讲解了 Java 编程技术与实战,内容包括工具安装、基础语法、面向对象、数组、集合与泛型、I/O 流、多线程、网络编程、Lambda 和 Stream API 等,最后通过实战项目串联全书技术点,由点到面帮助读者加深技术理解,以及体会 Java 面向对象程序设计的魅力。本书案例全部使用 IntelliJ IDEA 开发工具进行编写和执行,友好的界面让编码工作变得更加方便。

本书可作为高等院校计算机及相关专业教材和参考书,同时也适合作为 Java 零基础开发者的入门读物。

本书封面贴有清华大学出版社防伪标签,无标签者不得销售。
版权所有,侵权必究。举报: 010-62782989,beiqinquan@tup.tsinghua.edu.cn。

图书在版编目(CIP)数据

Java 程序设计: IDEA/迟呈英等主编. —北京: 清华大学出版社,2023.6
ISBN 978-7-302-63683-0

Ⅰ. ①J… Ⅱ. ①迟… Ⅲ. ①JAVA 语言—程序设计 Ⅳ. ①TP312

中国国家版本馆 CIP 数据核字(2023)第 102178 号

责任编辑: 郭丽娜
封面设计: 曹　来
责任校对: 袁　芳
责任印制: 朱雨萌

出版发行: 清华大学出版社
　　　　网　　址: http://www.tup.com.cn, http://www.wqbook.com
　　　　地　　址: 北京清华大学学研大厦 A 座　　邮　　编: 100084
　　　　社 总 机: 010-83470000　　　　　　　　邮　　购: 010-62786544
　　　　投稿与读者服务: 010-62776969, c-service@tup.tsinghua.edu.cn
　　　　质量反馈: 010-62772015, zhiliang@tup.tsinghua.edu.cn
　　　　课件下载: http://www.tup.com.cn, 010-83470410
印 装 者: 三河市天利华印刷装订有限公司
经　　销: 全国新华书店
开　　本: 185mm×260mm　　　　印　　张: 15.5　　　　字　　数: 373 千字
版　　次: 2023 年 6 月第 1 版　　　　　　　　　　印　　次: 2023 年 6 月第 1 次印刷
定　　价: 59.00 元

产品编号: 098569-01

前言

党的二十大报告提出"构建新一代信息技术、人工智能、生物技术、新能源、新材料、高端装备、绿色环保等一批新的增长引擎",Java是新一代信息技术中重要的一门软件开发语言。掌握Java语言开发是当代大学生投身建设新一代信息技术的必备技能,未来国家对Java技术人才的需求将会持续增长,学习Java的人也将越来越多。为了让读者快速上手Java,且学以致用,本书编写特点如下。

(1) 重点突出,注重实用。本书面向Java初学者、以职业技能培训为方向,将企业中常用的技术点作为重点讲解,去掉实用性很低的技术点,如Vector集合框架在实际开发中应用非常少,则可以不讲解,将篇幅留给实用性更强的知识点。

(2) 实用案例,项目驱动。Java属于实用性技能,最好的学习方法就是勤加练习。书中每一个知识点都配套有案例讲解。除此之外,本书最后以项目驱动技术点的讲解,由点到面对单个技术点进行串联,让读者能够在项目中综合运用所学知识,从而提升其实际技术能力。

(3) 面向职业,传授经验。国家"十四五规划"提出建设数字中国,且大学生是国家建设的重要力量,学习不能停留在纸上,更应该以职业为导向来思考技术的用途,即技术实战经验。本书除了介绍入门学习的技术点外,还从实际出发讲授了技术点的最佳用法,实际项目开发经验是Java程序员必学内容。

计算机编程语言是人与计算机、计算机与计算机之间的一种交流语言,即数据信息的交互。通俗地理解,计算机语言的作用是数据传输,因此学习Java语言的最终目的是学会如何使用Java语言进行数据的传输,基于此目的,本书内容分为以下四部分。

第一部分,数据的定义,主要在第1~5章进行讲解。

第二部分,数据的存储,主要在第7章和第8章进行讲解。

第三部分,数据的传输及开发效率新特性,主要在第9~12章进行讲解。

第四部分,Java开发语言的应用实践,主要在第6章和第13章进行讲解。

本书共13章,以由浅入深、理论结合实践的方式对Java知识点进行讲解，通过形象的类比让晦涩难懂的技术点变得易于理解。

第 1 章介绍了 Java 开发环境的配置，包括 JDK 配置和 IntelliJ IDEA 安装，高级程序设计语言和低级程序设计语言的区别。

第 2 章以 IntelliJ IDEA 作为开发工具编写和运行第一个 Java 程序，介绍了 Java 程序的运行过程。

第 3 章系统地介绍了 Java 语言基础，包括 Java 基本语法、八种基本数据类型、常量与变量、运算符、选择结构、循环结构、一维数组和二维数组等。

第 4 章和第 5 章全面介绍了面向对象程序设计，包括类和对象、抽象类与接口等技术点，以及采用类比法形象地介绍了面向对象三大特征——继承、封装、多态。

第 6 章主要介绍了 Java 中异常的分类和调试方法，以及基于 IntelliJ IDEA 工具的异常 DEBUG 模式。异常是日常开发中的常见问题，掌握异常的调试方法是 Java 程序员的必备能力。

第 7 章介绍了 Java 常用类，包括 Object、八种基本数据类型的包装类、Math 类、字符串操作类、日期操作类等。

第 8 章介绍了 Java 中的集合框架，包括 List、Set 和 Map 三大类集合框架。集合为在内存中数据存储提供了多种方法，属于 Java 开发中的必备知识。

第 9 章介绍了 I/O 流。I/O 流是数据传输的工具，类似现实世界的交通工具，计算机中的数据通过 I/O 流进行传输。

第 10 章介绍了 Java 并发编程的多线程，程序内部为了提升性能，往往有多个线程在处理数据，本章从线程创建、线程生命周期等方面详细介绍了多线程的使用。

第 11 章基于计算机网络详细讲解了多个计算机之间的数据通信，即 Java 网络编程，包括 TCP 和 UDP 网络协议等，以及通过 Socket 实现网络连接与数据传输。

第 12 章介绍了 Java 8 中有关提升开发效率的技术特性，如函数式接口、Lambda、Stream API 等。

第 13 章通过仿写《羊了个羊》游戏项目将 Java 核心技术点进行串联，由点到面的技术讲解更能让读者理解和掌握 Java 面向对象程序设计的核心思想。

本书引用了有关专业文献和资料，在此对有关文献的作者表示感谢，限于编者的理论水平和实践经验，书中疏漏之处在所难免，恳请广大读者批评、指正。

编 者

2023 年 3 月

本书源代码

目 录

第 1 章　Java 概述与工具安装 ·· 1
　1.1　Java 概述 ·· 1
　　　1.1.1　计算机程序 ·· 1
　　　1.1.2　Java 技术体系 ··· 2
　　　1.1.3　Java 历史 ·· 2
　　　1.1.4　Java 特点 ·· 3
　1.2　JDK 安装与配置 ·· 3
　　　1.2.1　JDK 概述与下载 ··· 3
　　　1.2.2　JDK 安装 ·· 3
　　　1.2.3　JDK 配置 ·· 6
　　　1.2.4　环境测试 ·· 8
　　　1.2.5　JDK 目录介绍 ··· 9
　1.3　开发工具安装与使用 ·· 9
　　　1.3.1　工具介绍和下载 ··· 9
　　　1.3.2　工具安装 ·· 10
　本章小结 ··· 12
　练习题 ·· 13
第 2 章　Java 程序入门 ··· 14
　2.1　一个简单的 Java 程序 ·· 14
　　　2.1.1　创建 Java 项目 ·· 14
　　　2.1.2　编写简单代码 ·· 15
　　　2.1.3　运行测试 ·· 16
　2.2　Java 运行机制 ·· 17
　　　2.2.1　Java 运行流程 ··· 17
　　　2.2.2　Java 虚拟机 ·· 17
　本章小结 ··· 18
　练习题 ·· 18
第 3 章　Java 语言基础 ··· 19
　3.1　基本语法 ·· 19
　　　3.1.1　语句和表达式 ·· 19

3.1.2　注释 19
　　　3.1.3　计量单位 20
　3.2　基本数据类型 21
　　　3.2.1　整数类型 21
　　　3.2.2　浮点数类型 22
　　　3.2.3　字符类型 22
　　　3.2.4　布尔类型 22
　3.3　变量和常量 23
　　　3.3.1　变量的定义 23
　　　3.3.2　类型转换 24
　　　3.3.3　常量 24
　3.4　运算符 25
　　　3.4.1　算术运算符 25
　　　3.4.2　赋值运算符 26
　　　3.4.3　关系运算符 26
　　　3.4.4　逻辑运算符 27
　　　3.4.5　位运算符 28
　　　3.4.6　运算符优先级 30
　3.5　选择结构 31
　　　3.5.1　if 语句 31
　　　3.5.2　switch 语句 32
　3.6　循环结构 33
　　　3.6.1　for 循环 33
　　　3.6.2　while 循环 34
　　　3.6.3　do-while 循环 35
　　　3.6.4　嵌套循环 36
　　　3.6.5　break 和 continue 36
　3.7　数组 38
　　　3.7.1　数组的定义 38
　　　3.7.2　数组初始化 38
　　　3.7.3　数组的操作 39
　　　3.7.4　二维数组 40
　本章小结 43
　练习题 43
第 4 章　面向对象（初级） 44
　4.1　面向对象程序设计 44
　4.2　方法 46
　　　4.2.1　方法的定义 46
　　　4.2.2　方法的调用 47

- 4.2.3 方法的好处 ························ 48
- 4.2.4 方法重载 ··························· 49
- 4.2.5 方法的递归 ························ 50
- 4.3 类和对象 ···································· 51
  - 4.3.1 类的定义 ··························· 51
  - 4.3.2 对象的创建和使用 ············· 52
  - 4.3.3 访问控制符 ························ 53
- 4.4 构造方法 ···································· 54
  - 4.4.1 构造方法的定义 ················· 54
  - 4.4.2 构造方法的重载 ················· 55
- 4.5 this 和 static ······························ 56
  - 4.5.1 this 关键字 ························· 56
  - 4.5.2 static 关键字 ······················ 59
- 4.6 代码块 ··· 60
  - 4.6.1 构造代码块 ························ 60
  - 4.6.2 静态代码块 ························ 61
  - 4.6.3 方法代码块 ························ 62
- 本章小结 ·· 63
- 练习题 ·· 63

第 5 章 面向对象（高级） 65

- 5.1 继承 ·· 65
  - 5.1.1 继承的概念 ························ 65
  - 5.1.2 方法重写 ···························· 66
  - 5.1.3 super 关键字 ······················ 68
  - 5.1.4 多态 ···································· 69
- 5.2 final 关键字 ································ 71
  - 5.2.1 final 关键字修饰类 ············ 71
  - 5.2.2 final 关键字修饰方法 ········ 71
  - 5.2.3 final 关键字修饰变量 ········ 72
- 5.3 抽象类和接口 ······························ 73
  - 5.3.1 抽象类 ································ 74
  - 5.3.2 接口 ···································· 75
  - 5.3.3 接口的实现 ························ 76
  - 5.3.4 接口的继承 ························ 78
  - 5.3.5 接口新特性 ························ 79
- 5.4 内部类 ··· 80
  - 5.4.1 成员内部类 ························ 81
  - 5.4.2 静态内部类 ························ 82
  - 5.4.3 方法内部类 ························ 83

5.4.4　匿名内部类 ··· 83
本章小结 ·· 84
练习题 ·· 85

第 6 章　异常与调试 ·· 86
6.1　异常的概念 ··· 86
6.2　异常的类型 ··· 87
6.3　异常的处理 ··· 88
　　6.3.1　异常捕获 ··· 88
　　6.3.2　异常抛出 ··· 89
6.4　异常的调试 ··· 90
6.5　自定义异常 ··· 92
　　6.5.1　throw 关键字 ·· 92
　　6.5.2　自定义异常的方法及实例 ··· 93
本章小结 ·· 95
练习题 ·· 95

第 7 章　Java 常用类库 ··· 97
7.1　Object 类 ·· 97
　　7.1.1　clone 方法 ··· 98
　　7.1.2　equals 方法 ··· 99
　　7.1.3　finalize 方法 ·· 101
　　7.1.4　getClass 方法 ·· 102
　　7.1.5　hashCode 方法 ·· 103
　　7.1.6　toString 方法 ··· 104
7.2　基本类型的包装类 ··· 105
　　7.2.1　包装类的概念 ··· 105
　　7.2.2　装箱操作 ··· 106
　　7.2.3　拆箱操作 ··· 107
　　7.2.4　JDK 5.0 新特性——自动装箱和拆箱 ··· 108
7.3　Scanner 类 ·· 109
7.4　Math 类 ··· 110
7.5　字符串操作类 ··· 111
　　7.5.1　String 类介绍 ·· 112
　　7.5.2　String 类的常用操作 ··· 113
　　7.5.3　StringBuffer 类 ··· 117
　　7.5.4　StringBuilder 类 ·· 118
　　7.5.5　正则表达式 ··· 119
7.6　日期操作类 ··· 121
　　7.6.1　Date 类 ·· 121
　　7.6.2　Calendar 类 ··· 122

  7.6.3 SimpleDateFormat 类 ································ 123
本章小结 ······················· 124
练习题 ························ 124

第 8 章　集合　125

 8.1 集合概述 ················· 125
 8.2 List 集合 ················· 126
  8.2.1 List 概述 ·············· 126
  8.2.2 ArrayList ·············· 127
  8.2.3 LinkedList ············· 128
  8.2.4 foreach 循环 ············ 130
  8.2.5 泛型 ················ 131
 8.3 Set 集合 ················· 132
  8.3.1 Set 概述 ·············· 132
  8.3.2 HashSet ·············· 132
  8.3.3 TreeSet ·············· 134
 8.4 Map 集合 ················ 137
  8.4.1 Map 概述 ············· 137
  8.4.2 HashMap ············· 138
  8.4.3 Properties ············· 139
 8.5 集合工具类 ················ 140
  8.5.1 Collections ············ 140
  8.5.2 Arrays ·············· 143
本章小结 ······················· 144
练习题 ························ 145

第 9 章　I/O 流　147

 9.1 I/O 流概述 ················ 147
  9.1.1 I/O 流介绍 ············ 147
  9.1.2 I/O 流分类 ············ 147
 9.2 字符编码 ················· 148
  9.2.1 字符集概述 ············ 148
  9.2.2 常见字符集 ············ 148
  9.2.3 编码和解码 ············ 149
 9.3 File 类 ·················· 149
  9.3.1 File 类构造方法 ·········· 150
  9.3.2 File 类常用方法 ·········· 150
  9.3.3 目录遍历 ············· 152
  9.3.4 文件过滤 ············· 154
  9.3.5 删除文件及目录 ·········· 155
 9.4 字节流 ·················· 156

		9.4.1	字节输入流	157
		9.4.2	字节输出流	160
		9.4.3	字节流文件复制	161
		9.4.4	字节缓冲流	163

	9.5	字符流		164
		9.5.1	字符输入流	164
		9.5.2	字符输出流	166
		9.5.3	字符流文件复制	167
		9.5.4	字符缓冲流	168
		9.5.5	转换流	169

	9.6	其他流		171
		9.6.1	打印流	171
		9.6.2	标准输入/输出流	173
		9.6.3	对象流	174
		9.6.4	序列流	177

本章小结 178

练习题 178

第 10 章　多线程　180

10.1	Runtime 类与 Process 类		180
10.2	新建线程		182
	10.2.1	继承 Thread 类	182
	10.2.2	实现 Runnable 接口	185
10.3	线程生命周期		186
10.4	线程的调度		187
	10.4.1	线程的优先级	187
	10.4.2	线程休眠	189
	10.4.3	线程让步	189
	10.4.4	线程插队	190
	10.4.5	守护线程	191
10.5	线程同步		192
	10.5.1	线程安全	193
	10.5.2	同步锁	194
	10.5.3	死锁问题	196
10.6	线程通信		198

本章小结 200

练习题 200

第 11 章　网络编程　202

11.1	网络编程概述		202
	11.1.1	网络模型	202

	11.1.2	IP 和端口	203
	11.1.3	InetAddress	204
11.2	TCP		205
	11.2.1	TCP 概述	205
	11.2.2	Socket	206
11.3	UDP		208
	11.3.1	UDP 概述	208
	11.3.2	UDP 通信	209

本章小结 210

练习题 211

第 12 章 Lambda 和 Stream 212

12.1	Lambda 表达式		212
	12.1.1	函数式接口	212
	12.1.2	Lambda 概述	213
	12.1.3	Lambda 示例	213
12.2	Stream 流操作		214
	12.2.1	Stream 概述	214
	12.2.2	Stream 示例	215

本章小结 217

练习题 218

第 13 章 项目实战 219

13.1	项目介绍		219
13.2	图形用户界面		220
	13.2.1	窗体	220
	13.2.2	面板	221
	13.2.3	常用组件	222
	13.2.4	事件监听器	223
13.3	主界面编码		224
13.3	卡片布局编码		226
13.4	卡槽功能编码		231

本章小结 234

参考文献 235

第 1 章 Java概述与工具安装

本章学习目标

- 了解 Java 的特点。
- 了解 JDK 安装目录各文件的用途。
- 熟练掌握 Java 开发环境的安装与配置方法。
- 熟练掌握 IntelliJ IDEA 的安装和使用方法。

本章将对 Java 语言的历史背景、环境安装和配置、开发工具的使用等内容进行讲解。

1.1 Java 概述

1.1.1 计算机程序

计算机程序(computer program)是一组计算机能识别和执行的指令,运行于电子计算机上,满足人们某种需求的信息化工具。计算机程序由编程语言编写,通俗理解:计算机程序好比一篇英文文章,用于写文章的英文就好比编程语言(见图 1.1),它们都是由英文单词组成,不一样的是文章是供人阅读理解的,程序是供计算机阅读理解的。

```
Java is the #1 programming language and
development platform. It reduces costs, shortens
development timeframes, drives innovation, and
improves application services. With millions of
developers running more than 51 billion Java Virtual
Machines worldwide, Java continues to be the
development platform of choice for enterprises and
developers.
```

```
public class Student{
    public static void main(String[] args){
        ...
    }
}
```

图 1.1 英文文章(左)和计算机程序(右)

程序设计语言分为高级程序设计语言和低级程序设计语言,它们的区别如下。

- 高级程序设计语言(high-level programming language)更接近人们日常会话的语言,更易于理解。高级程序设计语言一般是面向对象或者面向过程的编程语言。
- 低级程序设计语言又叫作机器语言(machine language),是机器能直接识别的程序语言或指令代码,无须经过翻译,每一操作码在计算机内部都由相应的电路来完成,或指不经翻译即可被机器直接理解和接受的程序语言或指令代码。

因为高级程序设计语言不能直接被计算机理解,所以经过高级程序设计语言编写的程序需要经过翻译之后才能被计算机执行。这就好比两个不同语言的人交流,互相听不懂对方的语言,需要先翻译成对方能理解的语言才能正常交流;高级程序设计语言需要通过编译

(翻译)之后才能被机器(计算机)理解和执行(见图1.2)。

图1.2　高级程序设计语言编译简图

1.1.2　Java技术体系

Java是一种面向对象的高级程序设计语言,因为其功能强大且简单易用,所以Java长期占据程序设计语言排行榜前几名。目前,几乎所有行业和领域都在使用Java,为了满足不同开发人员的需求,Java分为以下三大技术体系(见图1.3)。

图1.3　Java的三大技术体系

- JavaSE(Java platform standard edition):主要用于桌面程序的开发。它是Java技术体系的核心和基础,同时也是JavaME和JavaEE编程的基础。
- JavaME(Java platform micro edition):主要用于嵌入式系统程序的开发。它包括了JavaSE中的一部分类,是为机顶盒、移动电话和PDA(personal digital assistant,掌上电脑)之类嵌入式消费电子设备提供的Java语言平台。
- JavaEE(Java platform enterprise edition):主要用于互联网应用程序的开发。它是在JavaSE的基础上构建的,提供Web服务、组件模型、管理和通信API(application programming interface,应用程序编程接口),可以用来实现企业级的面向服务体系结构(service-oriented architecture,SOA)以及Web 2.0和Web 3.0应用程序。

1.1.3　Java历史

1995年,Sun公司推出Java,因为其简单易用,并且解决了当时互联网一个非常重要的问题,因此受到广泛关注。那么,Java解决了一个什么问题呢?

在Java出现以前,互联网上的信息都是一些静态的HTML(hypertext markup language,超文本标识语言)文档(当时CSS(cascading style sheets,层叠样式表)还没有出现,可想而知当时的HTML乏善可陈),当时的互联网信息只能阅览不可交互。Java的诞生解决了互联网不可交互的问题,让互联网"活"了起来。如今的网络购物也是得益于一个可交互的互联网。

- 2009年Oracle(甲骨文)公司收购了Sun公司,从此Java由甲骨文公司开发和运营。
- 2010年,Java 7正式版发布。
- 2014年,Java 8正式版发布。
- 2017年,Java 9正式版发布。
- 2018年3月,距离Java 9发布6个月后,Java 10发布。从此,甲骨文公司每半年进行一次Java版本迭代更新,2018年9月Java 11正式发布。
- 2019—2021年,Java 12、Java 13、Java 14、Java 15、Java 16、Java 17相继发布。
- 2022年Java 19发布。

Java 语言经过 20 多年的发展,已成为计算机史上影响深远的编程语言。

1.1.4 Java 特点

Java 是面向对象的程序设计语言,它吸收了 Smalltalk 语言和 C++ 语言的优点,并增加了其他特性。其主要特性如下。

(1) 简单性:Java 集成 C++ 优点的同时,去掉了指针、多继承等复杂内容,并提供自动垃圾回收机制。因此,Java 学起来更简单。

(2) 面向对象:Java 更关注工具的使用,而不是工具的制造过程。Java 中数据和操纵数据的方法就是工具,类是数据和方法的集合。特定数据和方法用来描述对象的状态和行为。因此,Java 通过类创建对象,通过对象编写 Java 程序,也就是面向对象编程。

(3) 分布式:Java 支持在网络上应用,基于网络远程调用对象,它是分布式编程语言。

(4) 解释性:Java 编译程序为字节码,并运行在 Java 解释器之上,实现"一次编写,多处运行"。

(5) 安全性:Java 丢弃指针,避免了伪造指针操作内存,从而保证数据的安全性。

(6) 稳健性:Java 具备强类型机制、异常处理、自动垃圾回收等特性,保证了程序的稳定。

(7) 可移植性:Java 编写的应用程序可以运行在任一操作系统上,移植性强。

(8) 高性能:Java 拥有"及时"编译器,它能在运行时把 Java 字节码翻译成 CPU 的机器码,实现全编译,从而提升程序编译性能。

(9) 多线程:Java 是多线程的语言,可以同时运行多个不同的任务。

(10) 动态性:Java 适用于变化的环境,是一个动态的语言。

1.2 JDK 安装与配置

1.2.1 JDK 概述与下载

JDK 开发工具包(Java development kit,JDK)是 Java 开发的必备工具,它包含了 Java 运行的环境(Java runtime environment,JRE)、Java 工具和 Java 基础类库。本书使用的是 JDK 8.0 版本,读者可以从官方网站下载,如图 1.4 所示。

JDK 安装与配置.mp4

1.2.2 JDK 安装

JDK 下载完成后,就可以开始安装了。本书基于 Windows 10(64 位)操作系统进行 JDK 安装,详细安装步骤演示如下。

步骤 1 双击 JDK 安装文件,进入 JDK 安装界面,如图 1.5 所示。

步骤 2 单击"下一步"按钮,进入 JDK 定制安装界面(见图 1.6)。定制安装界面左侧有三个组件可选项。

- 开发工具:JDK 的核心工具组件,如 javac.exe、java.exe 等一系列编译执行工具。

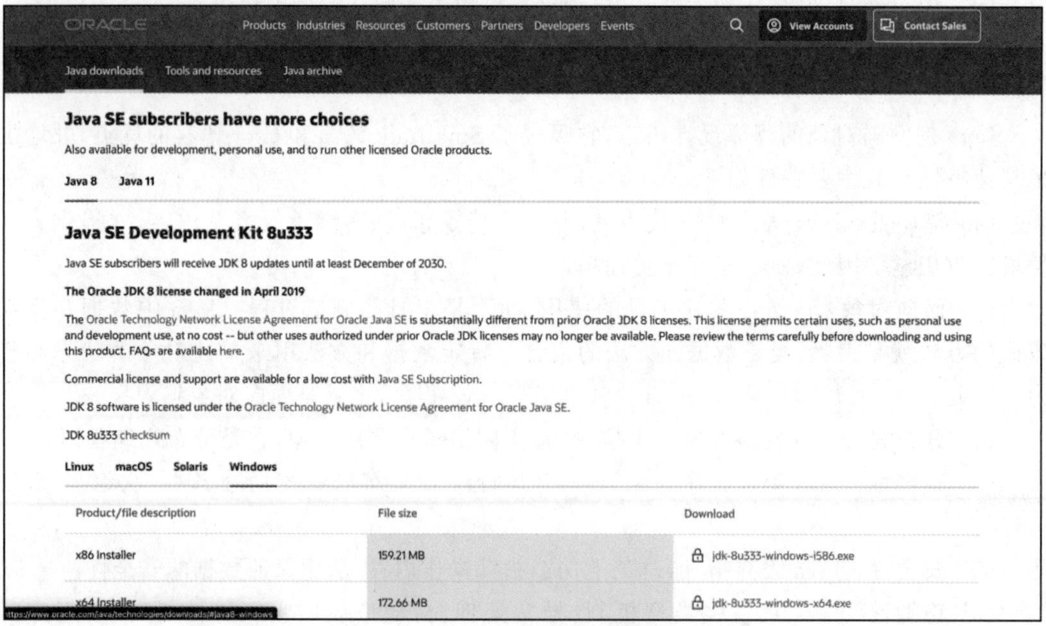

图 1.4　JDK 8.0 下载页面

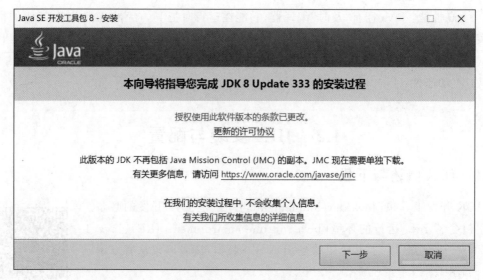

图 1.5　JDK 安装界面

- 源代码：Java 核心类库的源代码。
- 公共 JRE：Java 程序的运行环境。

默认安装所有组件。

步骤 3　单击"下一步"按钮，程序开始自动安装。安装完成会弹出目标文件夹界面（见图 1.7）。此界面无须操作，单击"下一步"按钮，JRE 开始自动安装，安装完成后弹出安装完成界面（见图 1.8）。

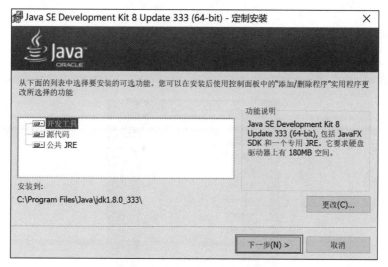

图 1.6　JDK 定制安装界面

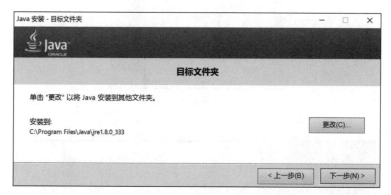

图 1.7　JRE 安装目录选择界面

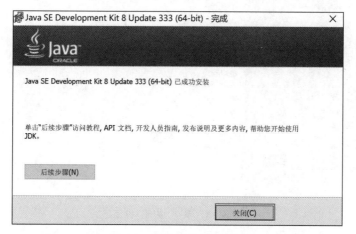

图 1.8　JDK 安装完成界面

1.2.3 JDK 配置

本小节基于 Windows 10 进行 Java 环境变量的配置,详细配置步骤如下。

步骤 1 右击任务栏中"开始"图标,弹出系统选项面板(见图 1.9),单击"系统"选项,进入"关于"界面(见图 1.10)。

图 1.9 系统选项面板

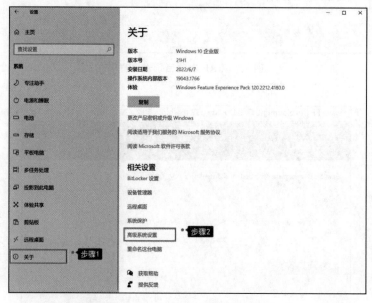

图 1.10 系统"关于"界面

步骤 2 单击"高级系统设置",打开"系统属性"对话框(见图 1.11),单击"环境变量"按钮,打开"环境变量"配置对话框(见图 1.12)。

图 1.11 "系统属性"对话框

图 1.12 "环境变量"对话框

步骤 3 单击系统变量的"新建"按钮,在弹出的"新建系统变量"对话框(见图 1.13)中输入变量名"JAVA_HOME"和变量值"C:\Program Files\Java\jdk1.8.0_333",变量值为 JDK 安装目录路径。单击"确定"按钮完成配置。

步骤 4 在系统变量中选中"Path"变量,单击"编辑"按钮,编辑环境变量,单击"新建"按钮,输入％JAVA_HOME％\bin 和％JAVA_HOME％\jre\bin,如图 1.14 所示。单击

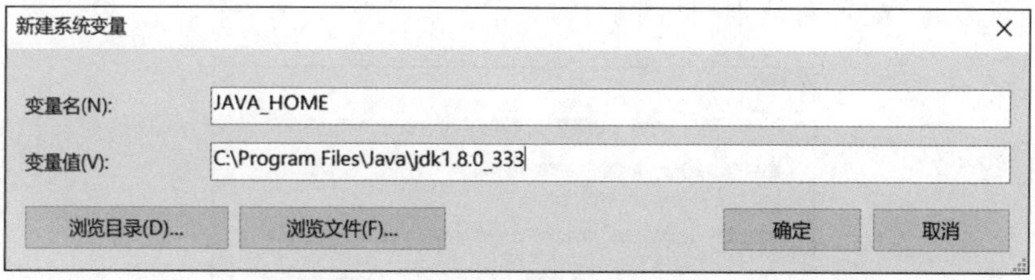

图 1.13 "新建系统变量"对话框

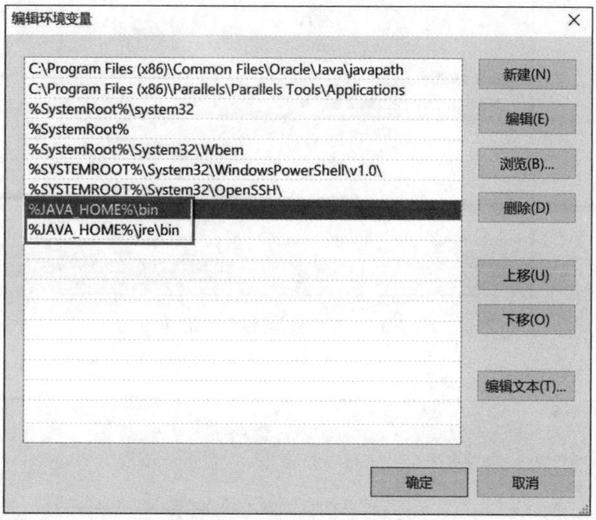

图 1.14 编辑环境变量

"确定"按钮完成配置。

1.2.4 环境测试

Java 环境变量配置完成后,验证配置成功的详细步骤如下。

步骤 1 右击任务栏"开始"按钮,弹出系统选项面板,单击"运行"选项,在弹出的"运行"对话框中输入 cmd 命令(见图 1.15)。

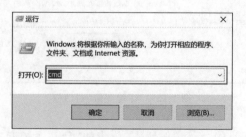

图 1.15 "运行"对话框

步骤 2 单击"确定"按钮,进入 cmd 命令窗口,先后输入 java -version 和 javac -version 命令,系统会显示 Java 版本信息(见图 1.16),证明 JDK 环境配置成功。

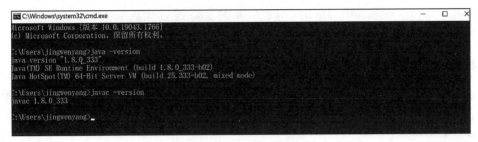

图 1.16　Java 版本信息

1.2.5　JDK 目录介绍

JDK 安装目录(见图 1.17)中部分子目录和文件详细介绍如下。

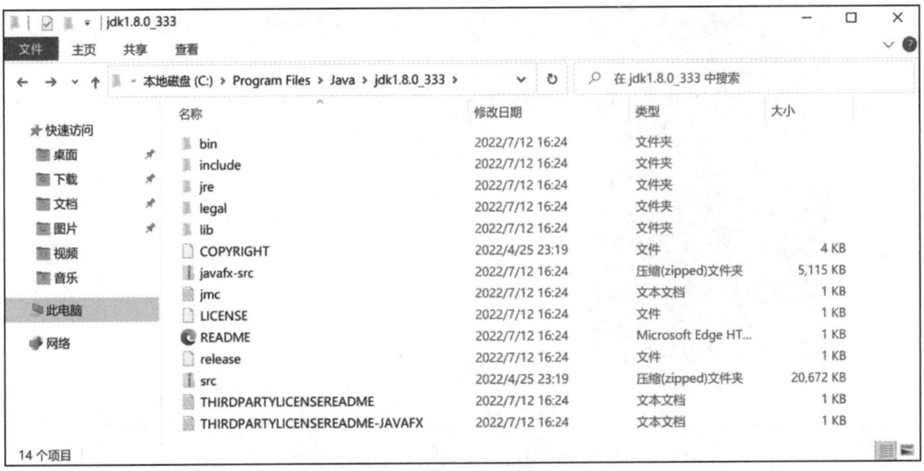

图 1.17　JDK 安装目录

- bin：此目录下存放 Java 代码编译和执行的工具，如 java.exe、javac.exe 等。
- include：此目录下存放的是 JDK 启动所需要的 C 语言头文件。
- jre：jre 全称是 Java runtime environment，即 Java 运行时环境。此目录下存放的是 Java 虚拟机等 Java 运行需要的环境和工具。
- legal：此目录下存放的是 JDK 各模块的开源授权说明文档。
- lib：此目录下存放的是 Java 类库，如运行环境类库、工具类库等。
- javafx-src：此压缩文件存放了 java fx 下所有类的源码。
- src：此压缩文件存放了 Java 所有核心类库的源码。

1.3　开发工具安装与使用

1.3.1　工具介绍和下载

Java 开发环境的作用是编译和运行程序，为了简易和高效地开发 Java 程序，需要安装开发工具(IDE)。本书采用 IntelliJ IDEA 开发工具进行代码编写,IntelliJ IDEA 简称 IDEA(发音同 idea),IDEA 属于 JetBrains 旗下产品。读者可以从官网下载。

1.3.2 工具安装

从官网下载好 IntelliJ IDEA 安装包后,就可以开始安装了。本书下载并进行安装演示的是 IntelliJ IDEA Community Edition 版,基于 Windows 10 进行安装。下面是详细的安装步骤。

步骤 1　双击打开 IntelliJ IDEA 安装包,进入安装界面(见图 1.18)。

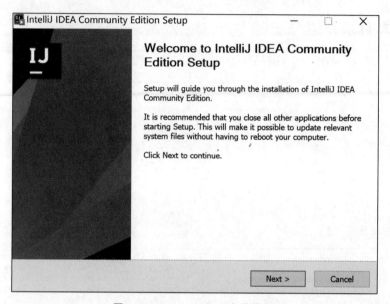

图 1.18　IntelliJ IDEA 安装界面

步骤 2　单击 Next 按钮进入安装路径选择界面(见图 1.19),单击 Browse 按钮可以更改安装目录。

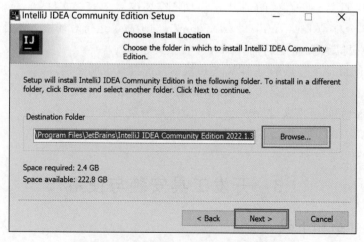

图 1.19　IntelliJ IDEA 安装路径选择界面

步骤 3 单击 Next 按钮，进入自定义安装选项界面（见图 1.20），勾选 IntelliJ IDEA Community Edition 创建桌面快捷方式。

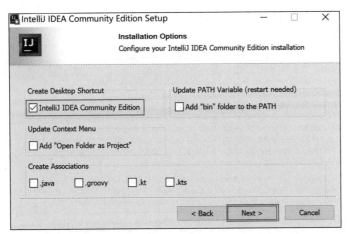

图 1.20 自定义安装选项界面

步骤 4 单击 Next 按钮，开始自动安装，安装完成后进入安装成功界面（见图 1.21）。

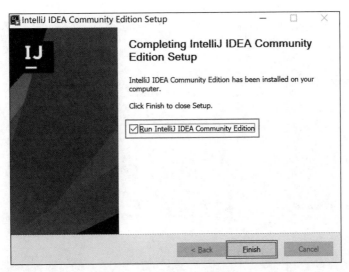

图 1.21 安装成功界面

步骤 5 勾选 Run IntelliJ IDEA Community Edition 选项，单击 Finish 按钮，显示 IntelliJ IDEA 用户协议界面（见图 1.21）。勾选 I confirm that I have read and accept the terms of this User Agreement 选项，确认并接受 IntelliJ IDEA 的用户协议（见图 1.22）。

步骤 6 单击 Continue 按钮，进入 IntelliJ IDEA 欢迎界面（见图 1.23）。

至此，Java 开发所需的环境和工具已经准备就绪。接下来，我们就正式走入 Java 的世界。

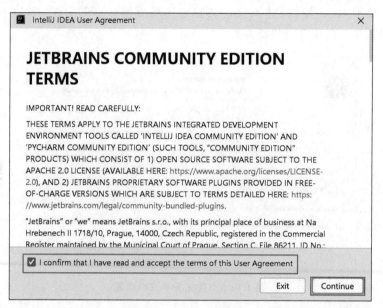

图 1.22 用户协议界面

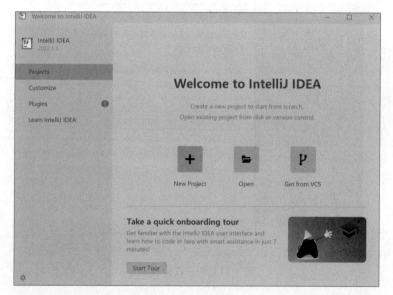

图 1.23 欢迎界面

本 章 小 结

（1）程序设计语言分为高级程序设计语言和低级程序设计语言。
（2）高级程序设计语言更接近人类语言，易于理解。
（3）面向对象有类和对象，类是数据和方法的集合，数据和方法描述对象的状态和行为。

（4）Java 是一种高级的面向对象的程序设计语言。
（5）Java 是平台无关的程序设计语言,一次编写、多处运行。
（6）JDK 是 Java 开发工具包,可以编译 Java 程序。
（7）JRE 是 Java 运行时环境,可以运行 Java 程序。

练 习 题

一、选择题

1. 以下说法错误的是（   ）。
   A. Java 是一种面向对象的语言
   B. Java 是低级程序设计语言
   C. JDK 是 Java 开发工具包
   D. 高级程序设计语言更接近人类理解的语言
2. 以下（   ）属于代码编写工具。
   A. Eclipse   B. IntelliJ IDEA   C. JDK   D. 以上都是
3. 以下（   ）与 Java 环境配置无关。
   A. IDE   B. JVM   C. JDK   D. JRE

二、问答题

1. Java 可以运行在任何计算机上吗？计算机运行 Java 需要什么？
2. Java 的三大技术体系分别是什么？
3. JDK 和 JRE 的作用分别是什么？
4. Java 的特征有哪些？阐述对这些特征的理解。
5. JVM 是什么？

第 2 章 Java 程序入门

本章学习目标

- 熟练使用开发工具进行 Java 程序的创建。
- 掌握一个简单 Java 程序的组织结构和编写过程。
- 了解 Java 程序的编译和运行原理。

本章通过一个简单的 Java 程序来学习 Java 程序从创建到运行的全过程，以及了解 Java 程序的基本结构和编译运行原理。

2.1 一个简单的 Java 程序

下面讲解一个简单的 Java 程序，该程序在控制台输出 Hello World。通过该程序的学习，可以清楚地了解 Java 程序从编写到运行的全过程。

2.1.1 创建 Java 项目

在 IntelliJ IDEA 中编写程序，必须先创建项目。创建 Java 项目的步骤如下。

一个简单的 Java 程序.mp4

步骤 1　第一次启动 IntelliJ IDEA，进入欢迎界面，在此界面中单击 New Project 按钮，创建 Java 项目（见图 2.1）。

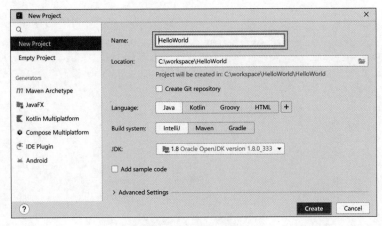

图 2.1　新建项目界面

新建项目界面各文本框和选项内容说明如下。

- Name 文本框用于输入项目的名称，如 HelloWord。
- Location 文本框是项目的地址，项目路径最后一级目录名称与项目名称一致。
- Language 选项默认为 Java，表示创建 Java 项目。
- Build system 选项默认是 IntelliJ，表示采用 IntelliJ 构建规范来创建项目。
- JDK 下拉框用来选择 JDK 版本号。

步骤 2　单击 Create 按钮创建项目，并进入项目界面（见图 2.2）。

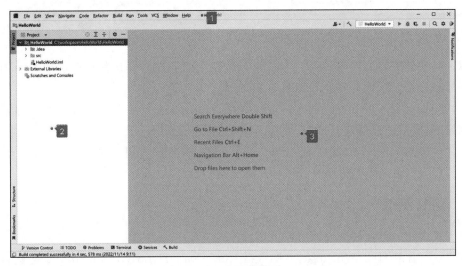

图 2.2　项目界面

如图 2.2 所示，标号为 1 的区域是工具栏，标号为 2 的区域用于展示项目结构，标号为 3 的区域为 IDEA 的主窗口，用来显示代码明细。HelloWorld 项目结构说明如下。
- .idea 目录是 IntelliJ 构建项目的配置文件，与项目本身无关。
- src 目录是项目源文件目录，代码写在此目录下。
- HelloWorld.iml 是临时配置文件，与项目本身无关。
- External Libraries 显示项目依赖的 jar 文件。

至此，Java 项目创建完成。

2.1.2　编写简单代码

在创建好的项目中编写代码，步骤如下。

步骤 1　右击 src 目录，选择 New→Java Class 命令创建 Java 类，命名为 HelloWorld（见图 2.3），然后按回车键完成 HelloWorld 类的创建。

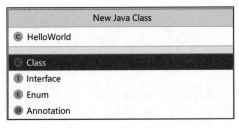

图 2.3　创建 Java 类

步骤 2　在新建的 HelloWorld 类中编写如下代码。

```java
//class 用来定义 HelloWorld 类
public class HelloWorld {
    //main 是程序的入口,程序从此处开始执行
    public static void main(String[] args) {
        //在屏幕上输出"HelloWorld"语句
        System.out.println("HelloWorld");
    }
}
```

以上是我们编写的入门代码。为了避免出错,需要严格参照示例代码进行编写,注意单词大小写和空格。示例代码详细说明如下。

（1）main 方法：Java 程序的入口,程序的运行从 main 方法开始。main 方法的编写格式是固定的,不能随意修改。

（2）System.out.println()：此语句是 Java 标准输出语句,用于在控制台输出内容。

（3）入门示例代码中的所有符号都是英文格式。

2.1.3　运行测试

在 IDEA 中运行程序的方式有以下四种方式。

方式一：右击 HelloWorld 类文件,选择 Run→Run 'HelloWorld.main()'命令运行。

方式二：单击 main 方法所在行的运行图标▶,选择 Run 'HelloWorld.main()'命令运行。

方式三：工具栏选择 Run→Run 'HelloWorld'命令运行。

方式四：按快捷键 Ctrl+Shift+F10 运行。

通过上述四种方式任意一种运行程序后,会在控制台显示 HelloWorld,如图 2.4 所示。

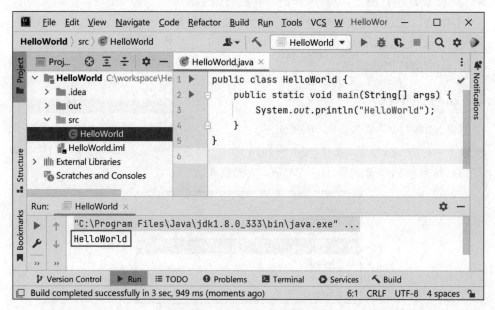

图 2.4　程序运行结果

上面演示了通过 IDEA 创建和运行 Java 项目的完整过程。整个流程比较简单，容易出错的是标点符号格式错误，切记 Java 代码中的标点符号全部是英文格式。

2.2　Java 运行机制

2.2.1　Java 运行流程

Java 程序从编写到运行流程分为创建项目结构、编写代码、编译、运行四个步骤。

1. 创建项目结构

项目结构是按照指定规范创建的，如本书是按照 IntelliJ 规范创建的项目结构。项目结构主要由文件夹和配置文件组成，目的是规范代码文件的分类存放，便于阅读和理解。目前常见的项目结构规范有 IntelliJ、Maven、Gradle、Eclipse 等。

2. 编写代码

按照 Java 语法规范来编写的代码称为源代码，源代码是一系列人类可以读懂的计算机指令。用来编写源代码的工具有文本编辑器、Eclipse、IntelliJ IDEA 等。为了提升代码编写的效率和正确率，初学者建议使用 Eclipse 或者 IntelliJ IDEA 等工具，Java 源代码的文件扩展名是 .java。

3. 编译

编译是将代码源文件翻译成字节码的过程。字节码是计算机能理解和运行的指令，是一种二进制文件。字节码文件是以 .class 为扩展名，该文件可以被 JVM 解释并执行。

4. 运行

运行是将字节码解释为机器码，由 JVM 运行并显示结果。在运行程序时，先会启动 JVM，由它负责解释 Java 的字节码为机器码并执行。图 2.5 所示为 Java 的运行流程。

图 2.5　Java 的运行流程

2.2.2　Java 虚拟机

Java 虚拟机（Java virtual machine，JVM）可以看作一个虚拟的简易计算机，Java 程序就是依靠 JVM 来解释执行。为了让计算机听从指挥，我们需要给计算机发送它能理解的指令，这些指令非常多，并且人类不好记忆和理解，所以就有了 Java 这样的高级程序设计语言，人类通过易于理解的 Java 语言编写程序来操作指令，以便让计算机工作起来。但是不同的计算机识别的指令也不同，如何做到编写一次程序，多种计算机平台都能运行呢？答案就是 JVM。不同的计算机平台安装平台匹配的 JVM，只需要将编译好的程序交给 JVM，然后等待 JVM 的运行结果。因此，Java 是通过 JVM 实现跨平台的，这就是 Java 能够"一次编写、多处运行"的原因，如图 2.6 所示。

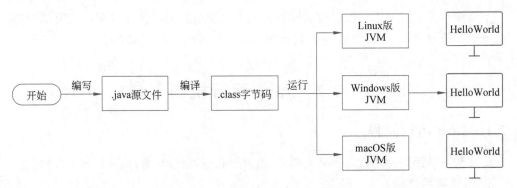

图 2.6　JVM 跨平台简易工作原理

本 章 小 结

(1) Java 程序运行在 JVM 之上。
(2) "一次编写、多处运行"是基于 JVM 实现的。
(3) Java 程序运行的入口是 main 方法。
(4) Java 源程序需要经过编译之后才能运行，因此 Java 属于编译型语言。
(5) Java 程序代码中的符号都是英文符号，中文符号会导致编译出错。

练 习 题

一、选择题
1. 以下(　　)是正确的 main 方法。
　　A. public static void main(){}
　　B. public void main(){}
　　C. public static void main(String arg){}
　　D. public static void main(String[] args){}
2. 以下不属于 Java 运行流程的是(　　)。
　　A. 编写代码　　　B. 编译　　　　　C. 运行　　　　　D. JDK 环境安装
3. "一次编写、多处运行"主要靠的是(　　)。
　　A. JDK　　　　　B. JVM　　　　　C. IDEA　　　　　D. Eclipse
4. Java 源代码编译之后的文件扩展名是(　　)。
　　A. .java　　　　　B. .jar　　　　　　C. .class　　　　　D. .jvm
二、问答题
1. Java 是否可以不编译而直接运行？为什么？
2. 简述你对"一次编写、多处运行"的理解。
三、编程题
编写程序，在控制台输出"好好学习"四个字。

第 3 章 Java语言基础

本章学习目标

- 熟练掌握 Java 基本语法。
- 熟练掌握 Java 数据类型和类型转换。
- 熟练掌握 Java 的运算符。
- 熟练掌握 Java 分支结构。
- 熟练掌握 Java 循环结构。
- 熟练掌握 Java 数组。

3.1 基 本 语 法

3.1.1 语句和表达式

Java 语句是一句简单的计算机命令,以英文分号作为结束符。运行 Java 语句会使计算机执行某种操作。具体示例如下。

```
System.out.println("HelloWorld");
```

如上所示是一条简单的 Java 语句,它会使计算机在屏幕上输出 HelloWorld。

Java 表达式是由数字、运算符、数字分组符号(括号)、常量和变量等以能求得数值的有意义排列方法所得的组合。表达式也是以英文分号作为结束符。具体示例如下。

```
int a=1;
int b=a+2;
```

Java 程序中每条语句或表达式占一行,以分号作为结束符。以下两种情况都是正确但不规范的写法。

```
System.out.println(
    "HelloWorld"
);
int a=1;int b=a+2;
```

为了让程序便于他人阅读和理解,建议每条语句占一行,这也是一种编码规范。

3.1.2 注释

为了让代码便于理解,通常会在代码上面加一行注释,注释是对代码的解释说明。注释只在 Java 源文件中有效，编译为 .class 字节码过程会忽略注释，这是因为注释是便于人类理解，跟计算机无关。

Java 中注释的使用场景不同，分为单行注释、多行注释和文档注释三种。

1. 单行注释

一行文字就能对代码进行解释说明，采用单行注释。其格式为在内容前面加双斜杠"//"。具体示例如下。

```
int score;                  //定义一个整型变量 score 记录游戏得分
```

2. 多行注释

需要多行文字描述才能对代码进行解释说明，采用多行注释。其格式开头是一个单斜杠加一个星号"/*"，格式结尾是一个星号加一个单斜杠"*/"，具体示例如下。

```
/*
    int hp=100;             //定义一个 HP(hit point)整型变量记录生命值
    int mp=200;             //定义一个 MP(mana point)整型变量记录魔法值
*/
```

3. 文档注释

文档注释是用来生成当前程序的 API 帮助文档，作为 Java 程序开发文档的一部分，目的是在不看代码的情况下，能通过 API 说明文档了解程序的功能和结构。文档注释以一个斜杠加两个星号"/**"开头，以一个星号加一个单斜杠"*/"结尾。还有一套特定的标签用来标注注释内容，目的是生成格式工整的文档。具体示例如下。

```
/**
 * 打印一个字符串，并换行
 * @param x 被打印的内容
 */
public void println(String x) {}
```

上述文档注释中的@param 属于文档注释配套的标签，其作用是说明 x 是一个方法参数，在生成 API 说明文档时也会醒目标注。

3.1.3 计量单位

比特(binary digit,bit)，二进制数字中的位，是计算机信息技术用于计量存储容量的最小计量单位。只有两个取值 0 和 1，使用小写字母 b 或者 bit 作为单位代表，比如，1 比特＝1 位＝1bit＝1b。

字节(byte)是计算机信息技术用于计量存储容量的一种计量单位，使用大写字母 B 作为单位代表。1字节等于 8 位，也可写作 1byte＝8bit 或者 1B＝8b。字节也是我们日常存储器的基本单位，示例如下。

$$1KB=1024B$$
$$1MB=1024KB=1048576B$$
$$1GB=1024MB=1048576KB=1073741824B$$

其中,K、M、G 代表数量级,B 就是字节单位。

3.2 基本数据类型

在计算机中,一串数码作为一个整体来处理或运算的,称为一个计算机字,简称字。例如,"1"和"千"等是一个字。每个字所需的存储单元不同,为了不浪费存储器的空间,计算机就需要分配合理存储单元,这就是数据类型的用途。

数据类型是数据的一个属性,它告诉编译器或解释器需要分配多大的空间来存放数据。

变量与基本数据类型.mp4

Java 语言中包括八种基本数据类型,分为如下四类。
- 整数类型(byte、short、int、long)。
- 浮点数类型(float、double)。
- 字符类型(char)。
- 布尔类型(boolean)。

3.2.1 整数类型

整数是正整数、零、负整数的集合。整数不包括小数或分数。整数的数值大小不同则所需的存储单元不同,因此整数类型分为字节型(byte)、短整型(short)、整型(int)、长整型(long)四种。四种类型整数所占的空间大小和取值范围如表 3.1 所示。

表 3.1 整数类型

类 型	占用空间	取值范围
byte	8bits(1B)	$-2^{7} \sim 2^{7}-1$
short	16bits(2B)	$-2^{15} \sim 2^{15}-1$
int	32bits(4B)	$-2^{31} \sim 2^{31}-1$
long	64bits(8B)	$-2^{63} \sim 2^{63}-1$

在 Java 中,不加任何修饰的整数值,其默认是 int 类型,因此在使用中通常要注意如下两种情况。

(1) 给 byte 和 short 两种类型变量赋值,只要没有超出类型取值范围就是正常赋值,并且会自动将整数值转换为对应的数据类型。超出类型取值范围会出现编译错误。

```
byte a=1;         //定义一个 byte 类型的整数变量 a,并为其赋值 1。这是正确赋值
byte b=200;       //给 byte 类型变量 b 赋值为 200,超出 byte 最大取值范围,会出现编译错误
short m=2000;     //定义一个 short 类型变量 m,并为其赋值 2000
int n=30000;      //定义一个 int 类型变量 n,并为其赋值 20000
```

(2) 给 long 类型变量赋值,如果超出了 int 的取值范围,就需要在数字后面加上小写"l"或大写"L"。

```
long x1=999;
long x2=9999999999L;    //9999999999超出了int类型的取值范围,需要在后面加上L,否则
                        出现编译错误
```

3.2.2 浮点数类型

浮点数类型是一个包含整数和小数的数据类型。在Java中,浮点数分为两种:单精度浮点数(float)和双精度浮点数(double)。两种类型的浮点数所占空间大小和取值范围如表3.2所示。

表3.2 浮点数类型

类型	所占空间	取值范围
float	32bits(4B)	$-3.4\times 10^{38} \sim 3.4\times 10^{38}$
double	64bits(8B)	$-1.79\times 10^{308} \sim 1.79\times 10^{308}$

在Java中,默认的浮点数类型是double类型,在数值后面加"d"或"D"表示此数值是double类型,在数值后面加"f"或"F"表示此数值是float类型。具体示例如下。

```
float f=1.0F;           //定义类型为float的变量f,并为其赋值为1.0F
float m=1.0;            //编译错误,默认1.0为double类型
double d=1.0;           //定义类型为double的变量d,并为其赋值为1.0
```

3.2.3 字符类型

字符类型是包括中文字符、英文字符、数字字符等符号数据类型,如逗号或者字母A就是一种字符。Java语言采用16位Unicode字符集编码,为每一个字符制定一个统一并且唯一的数值。字符型采用char定义,其值需使用单引号括起来。具体示例如下。

```
char  x='a';            //定义一个char类型变量x,并为其赋值a
```

字符类型所占空间大小和取值范围如表3.3所示。

表3.3 字符类型

类型	所占空间	编码方式	取值范围
char	16bits(2B)	Unicode	0~65535

3.2.4 布尔类型

布尔类型变量取值只有true(真)和false(假)两种,主要用于条件真假判断。布尔类型采用boolean定义。具体示例如下。

```
boolean b1=true;        //定义一个变量b1,并为其赋值true
boolean b2=false;       //定义一个变量b2,并为其赋值false
```

3.3 变量和常量

在计算机程序运行时，不会被程序修改的量称为常量，其值能被修改的量称为变量。例如，在射击游戏中，一颗炮弹射出去同时存在重力加速度和前进速度，重力加速度恒定不变属于常量，前进速度持续变化属于变量。本节将详细介绍变量和常量的使用方法。

3.3.1 变量的定义

定义变量就是在内存中分配一定大小的空间，具体分配多大的空间、存放什么样的数据由数据类型决定。因此，可以理解为这个内存空间就是变量，存在内存空间中的值是可以变化的，这个空间的名字就是变量名。

变量定义语法格式如下。

```
数据类型 变量名;
```

多个同类型的变量定义语法格式如下。

```
数据类型 变量名1,变量名2,变量名3;
```

具体示例如下。

```
byte age;              //定义一个 int 类型的变量,命名为 age,用来存储年龄数据
float x,y,z;           //定义三个 float 类型变量,分别是 x,y,z
```

变量名需要遵循命名规范，Java 变量命名规范如下。
(1) 变量名可以由字母、下画线、数字组成，并且必须由字母或下画线开头。
(2) 遵循见名知义的原则。
(3) 区分大小写。例如，"a"和"A"是两个不同的变量名。
(4) 采用驼峰命名法。例如 redDogName，除了第一个单词之外的单词首字母大写。
(5) 不能使用 Java 关键字命名，Java 常用关键字见表 3.4。

表 3.4 Java 常用关键字

abstract	continue	for	new	switch
assert	default	if	package	synchronized
boolean	do	goto	private	this
byte	double	implements	protected	throw
break	else	import	public	throws
case	enum	instanceof	return	transient
catch	extends	int	short	try
char	final	interface	static	void
class	finally	long	strictfp	volatile
const	float	native	super	while

3.3.2 类型转换

Java 程序运行过程中数据会在多个变量之间交换传递,变量之间的数据传递需要进行类型转换。数据类型转换分为自动类型转换和强制类型转换。

1. 自动类型转换

自动类型转换是一种隐式转换,转换的过程自动完成,无须额外声明。完成自动类型转换的条件如下。

(1) 互相转换的数据类型彼此兼容。

(2) A 类型转换 B 类型,B 类型的取值范围必须大于 A 类型。

自动类型转换有以下两个特点。

(1) 数据的类型变化,不会影响原变量类型。具体示例如下。

```
short a=1;        //定义一个 short 类型变量 a,并赋值为 1
int b=a;          //将 a 变量值赋给 int 类型变量 b,数值 1 从 short 类型变成 int 类型,变
                  //量 a 数据类型不变
```

(2) 数据精度不会丢失。具体示例如下。

```
float m=1.1f;     //定义 float 类型变量 m
double n=m;       //定义 double 类型变量 n,将 m 变量值赋给 n,数据精度不会丢失
```

2. 强制类型转换

强制类型转换又称为显式类型转换,即类型转换需要显式声明。强制类型转换是自动类型转换的逆向过程,此过程是将取值范围大的类型变量值赋给取值范围小的类型变量,或是将精度高的类型变量赋值给精度低的类型变量。强制类型转换存在如下问题。

(1) 数据大小变化,也可发生数据丢失。具体示例如下。

```
short b=200;      //定义 short 类型变量 b,其值为 200
byte a=(byte)b;   //定义 byte 类型变量 a,并将变量 b 值赋予 a。因为 200 超过了 byte 取值
                  //范围,数据存在丢失
```

(2) 数据精度丢失。具体示例如下。

```
double m=0.3333333333333333;   //定义一个 double 类型变量 m,并赋值小数位 15 位数值
float n=(float)m;              //变量 m 的值强制转换为 float 类型的变量 n,会出现精度
                               //丢失,小数位只剩下 8 位
```

3.3.3 常量

常量是在计算机程序运行时,不会被程序修改的量。常量分为符号常量和字面常量(或直接常量)。

1. 符号常量

在物理名词中的重力加速度(g)就是一个常量,数学名词中的圆周率(π)也是一个常量,其中,表示重力加速度的符号 g 和表示圆周率的符号 π 都是符号常量。

2. 字面常量

字面常量也称为直接常量,如1、2、3是整数常量,'a''b'是字符常量。

3.4 运 算 符

运算符是用于执行程序代码运算的符号,会针对一个以上操作数来进行运算。例如,1+2,其操作数是1和2,而运算符则是"+"。在Java中,运算符大致可以分为六种类型:算术运算符、赋值运算符、关系运算符、逻辑运算符、位运算符和其他运算符。

3.4.1 算术运算符

算术运算符是数学运算的运算符。常用的有加(+)、减(-)、乘(*)、除(/)等,Java中算术运算符及其使用示例如表3.5所示。

表3.5 算术运算符及其使用示例

运算符	含义	示例	结果
+	加	3+4	7
-	减	7-3	4
*	乘	3*4	12
/	除	12/4	3
+	正号	+3	3
-	负号	-3	-3
%	取模	4%3	1
++	自增	a=3; b1=a++; b2=++a	b1=3; b2=4
--	自减	a=3; b1=a--; b2=--a	b1=3; b2=2

算术运算符中的加、减、乘、除、取模和正负符号在使用中遵循数学规则,比如除法运算中除数不能为0。具体示例如下。

```
int a = 3+4;      //a=7
int b = 4-3;      //b=1
float c = 3/4F;   //3/4有小数,所以使用float变量,并在后面加F,c=0.75
int d = 3*4;      //d=12
int e = 4%3;      //e=1
```

在除法运算中,如果除数和被除数都是整数,那么结果也是整数,比如3/4,3和4默认都是int类型整数,3/4的结果也会是int类型整数,即结果为0,而不是0.75,这是因为整数舍弃了小数精度。因此在上述示例中,3/4后面加了"F"表示单精度浮点数,结果就是0.75。

自增、自减运算符属于单目运算符,即只有一个操作数,并且操作数只能是变量,不能是常量。自增和自减运算符可以在操作数的左边或右边,运算符在左边的运算规则是先算后用,运算符在右边的运算规则是先用后算。具体示例如下。

```
int a=3;
System.out.println(a++);      //按照先用后算规则,此处输出的 a 为 3
System.out.println(a);        //再次使用 a,此处输出 a 为 4
int b=3;
System.out.println(++b);      //按照先算后用规则,此处输出 b 为 4
System.out.println(b);        //再次使用 b,输出还是 4
int c=3;
System.out.println(c--);      //输出 c 为 3
System.out.println(c);        //再次输出 c 为 2
int d=3;
System.out.println(--d);      //输出 d 为 2
System.out.println(d);        //再次输出 d 为 2
```

3.4.2 赋值运算符

赋值运算符的符号是等号"=",其作用是给变量指定一个数值,如 a=3 是将数值 3 赋给变量 a。赋值运算符属于双目运算符,即有两个操作数的运算符。赋值运算符的优先级最低。在 Java 中还有一种特殊的赋值运算符,即算术运算符和赋值运算符组合起来的复合型赋值运算符。复合赋值运算符的含义及其使用示例如表 3.6 所示。

表 3.6　复合赋值运算符的含义及其使用示例

运算符	说　明	示　例	结　果
+=	先做加法运算,再进行赋值	a=1;a+=2	a=3
-=	先做减法运算,再进行赋值	a=1;a-=2	a=-1
*=	先做乘法运算,再进行赋值	a=1;a*=2	a=2
/=	先做除法运算,再进行赋值	a=4;a/=2	a=2
%=	先做取模运算,再进行赋值	a=1;a%=2	a=1

复合型赋值运算符详细示例如下。

```
int a=1,b=2,c=3,d=4,e=5;
a+=1;      //等价于 a=a+1,结果为 2
b-=1;      //等价于 b=b-1,结果为 1
c*=2;      //等价于 c=c*2,结果为 6
d/=2;      //等价于 d=d/2,结果为 2
e%=2;      //等价于 e=e%2,结果为 1
```

3.4.3 关系运算符

关系运算符也是比较运算符。常用于比较两个变量或者常量的大小,运算结果是 boolean 类型。关系型运算符属于双目运算符。Java 中关系运算符的含义及其使用示例如表 3.7 所示。

表 3.7 关系运算符的含义及其使用示例

运算符	含　义	示　　例	结　果
>	大于	a=2;a>2	false
>=	大于或等于	a=2;a>=2	true
<	小于	a=2;a<2	false
<=	小于或等于	a=2;a<=2	true
==	相等	a=2;a==2	true
!=	不相等	a=2;a!=3	true

关系运算符具体示例如下。

```
int a=2,b=3;
boolean c=a<b;       //先进行 a<b 的关系运算,结果为 true 并赋值给 boolean 类型变量 c
boolean d=a!=b;      //先进行 a!=b 的关系运算,结果为 false 并赋值给 boolean 类型变量 d
boolean e=a==2;      //先进行 a==2 的关系运算,结果为 true 并赋值给变量 e
```

上述示例中"=="和"="容易混淆,"=="属于关系运算符,其优先级大于赋值运算符"=",所以先进行"a==2"关系运算,再将结果赋值给变量 e。在 Java 中,由关系运算符和操作数组合的表达式称为关系表达式或条件表达式。

3.4.4　逻辑运算符

逻辑运算符是把多个关系表达式组合成一个复杂的逻辑表达式。例如,"如果明天是晴天,并且天气很热,那么我就要吃雪糕",其中关系语句"明天是晴天"和"天气很热",通过"并且"逻辑词将两个关系语句组合起来,形成一个逻辑语句。在 Java 中,逻辑运算符等同汉语中的逻辑词,Java 逻辑运算符的含义及其使用示例如表 3.8 所示。

表 3.8　逻辑运算符的含义及其使用示例

运算符	含　义	示　例	说　　　明
&	逻辑与	a&b	a 和 b 都是 true,结果为 true;否则为 false
|	逻辑或	a|b	a 和 b 都是 false,结果为 false;否则为 true
&&	短路逻辑与	a&&b	a 和 b 都是 true,结果为 true;否则为 false
||	短路逻辑或	a||b	a 和 b 都是 false,结果为 false;否则为 true
!	逻辑非	!a	a 为 true,结果为 false;a 为 false,结果为 true

其中,"&"和"&&"、"|"和"||"运算结果相同,不同的是"&&"和"||"有短路效果。"&&"只要左边关系表达式为 false,不再执行右边关系表达式,也不影响整个逻辑表达式的计算结果,因此无须继续执行其他的关系表达式,起到短路效果,故而称为短路逻辑与;同理,"||"只要左边关系表达式为 true,不再执行右边关系表达式,也不会影响整个逻辑表达式的计算结果。例如,"a&&b"如果 a 为 false,则不再计算 b;"a&b"如果 a 为 false,则会计算 b;"&&"相对"&"的执行效率更高,因为 a 为 false,不论 b 是 true 还是 false,结果都会是 false。具体示例如下。

```
boolean a,b;
a=(2>3)&(3>1);        //逻辑与,先计算 2>3 为 false,再计算 3>1 为 true,a 为 false
a=(2>3)&&(3>1);       //短路逻辑与,先计算 2>3 为 false,不再计算 3>1,a 为 false
b=(4>3)&&(2>3);       //短路逻辑与,先计算 4>3 为 true,再计算 2>3 为 false,b 为 false
a=(2>3)|(3>1);        //逻辑或,先计算 2>3 为 false,再计算 3>1 为 true,a 为 true
a=(2>3)||(3>1);       //短路逻辑或,先计算 2>3 为 false,再计算 3>1 为 true,a 为 true
b=(4>3)||(2>3);       //短路逻辑或,先计算 4>3 为 true,不再计算 2>3,b 为 true
```

根据上述示例得出,"&"和"&&"只要有一个条件为 false,则结果为 false;"|"和"||"只要有一个条件为 true,则结果为 true。

3.4.5 位运算符

位运算符作用是按二进制位(bit)进行计算,其操作数和运算结果都是整型值。在 Java 中能进行位运算的数据类型有 byte、short、int、long、char。Java 中位运算符的含义及其使用示例如表 3.9 所示。

表 3.9 位运算符的含义及其使用示例

运算符	含义	示例	结果
&	与运算	2&3	2
|	或运算	2|3	3
^	异或运算	2^3	1
~	按位取反运算	~3	−4
>>	右位移	3>>1	1
<<	左位移	3<<1	6

1. 与运算

与运算符为"&",其运算规则是参与运算的数字,低位对齐,高位不足补零。如果对应的二进制位都为 1,那么计算结果为 1;否则为 0。具体示例和运算规则如下。

```
int a=2,b=3;
int c=a&b;            //将 a&b 的结果赋值给变量 c,c 的结果为 2
```

a&b 运算过程如图 3.1 所示。

```
  00000000 00000000 00000000 00000010  ——→ 2的二进制
& 00000000 00000000 00000000 00000011  ——→ 3的二进制
  ─────────────────────────────────────
  00000000 00000000 00000000 00000010  ——→ 结果为2
```

图 3.1 a&b 运算过程

2. 或运算

或运算符为"|",其运算规则是参与运算的数字,低位对齐,高位不足补零。如果对应的二进制位都为 0,结果才为 0;否则结果为 1。具体示例和运算规则如下。

```
int a=2,b=3;
int c=a|b;            //将 a|b 的结果赋值给变量 c,c 的值为 3
```

a|b 运算过程如图 3.2 所示。

```
  00000000 00000000 00000000 00000010  ——→ 2的二进制
| 00000000 00000000 00000000 00000011  ——→ 3的二进制
─────────────────────────────────────
  00000000 00000000 00000000 00000011  ——→ 结果为3
```

图 3.2　a|b 运算过程

3. 异或运算

异或运算符为"^",其运算规则是参与运算的数字,低位对齐,高位不足补零。如果对应的二进制位相同(同时为 0 或同时为 1)时,结果为 0;否则结果为 1。具体示例和运算规则如下。

```
int a=2,b=3;
int c=a^b;              //将 a^b 的结果赋值给变量 c,c 的值为 1
```

a^b 运算过程如图 3.3 所示。

```
  00000000 00000000 00000000 00000010  ——→ 2的二进制
^ 00000000 00000000 00000000 00000011  ——→ 3的二进制
─────────────────────────────────────
  00000000 00000000 00000000 00000001  ——→ 结果为1
```

图 3.3　a^b 运算过程

4. 按位取反运算

按位取反运算符为"～",其运算规则是对一个数字进行运算,将数字的二进制中的 1 改为 0,0 改为 1。具体示例和运算规则如下。

```
int a=3;
int c=~a;               //将 a 按位取反的结果赋值给 c,c 的值为-4
```

～a 运算过程如图 3.4 所示。

```
~ 00000000 00000000 00000000 00000011  ——→ 3的二进制
  11111111 11111111 11111111 11111100  ——→ 3的二进制按位取反
─────────────────────────────────────
                                        计算机存储的是补码,所以,将补码数字转
  10000000 00000000 00000000 00000100  ——→ 换为原码的十进制就是-4,因此结果为-4
```

图 3.4　～a 运算过程

在计算机中,为了方便算术计算,数字是以二进制补码的形式存储,在输出的时候再将补码转换为原码进行显示。正数的原码和补码相同,负数的原码,除符号位之外,按位取反再加 1 就是补码。补码的补码就是原码。

5. 右位移运算

右位移运算符为">>",其运算规则是按二进制形式把所有的数字向右移动对应的位数,低位移出舍弃,高位的空位补零。具体示例和运算规则如下。

```
int a=3;
int b=a>>1;             //将 a 右移 1 位的结果赋值给变量 b,b 的值为 1
```

右移 1 位运算过程如图 3.5 所示。

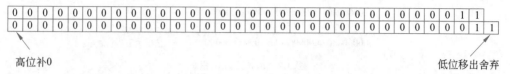

图 3.5　右移 1 位运算过程

6. 左位移运算

左移位运算符为"<<",其运算规则是按二进制形式把所有的数字向左移动对应的位数,高位移出舍弃,低位的空位补零。具体示例和运算规则如下。

```
int a=3;
int b=a<<1;              //将 a 左移 1 位的结果赋值给变量 b,b 的值为 6
```

左移 1 位运算过程如图 3.6 所示。

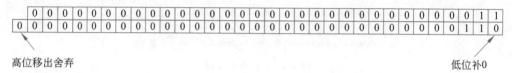

图 3.6　左移 1 位运算过程

3.4.6　运算符优先级

运算符优先级是在计算时运算符被执行的顺序,不同运算符的计算顺序不同,如加减运算符的优先级低于乘除运算符。大部分运算符都是从左向右结合,只有单目运算符、赋值运算符和三目运算符是从右向左结合。表 3.10 列出 Java 中运算符的优先级。

表 3.10　Java 中运算符优先级

优先级	运算符	结合性
1	()、[]、{}	从左向右
2	!、+(正)、-(负)、~、++、--	从右向左
3	*、/、%	从左向右
4	+(加)、-(减)	从左向右
5	<<、>>、>>>	从左向右
6	<、<=、>、>=、instanceof	从左向右
7	==、!=	从左向右
8	&	从左向右
9	^	从左向右
10	|	从左向右
11	&&	从左向右
12	||	从左向右
13	?:	从右向左
14	=、+=、-=、*=、/=、&=、|=、^=、~=、<<=、>>=、>>>=	从右向左

3.5 选择结构

选择结构是根据判断条件的成立与否来控制程序执行的流程。在 Java 程序开发中,经常需要用选择结构来控制程序的执行,如消消乐游戏中如果三个一样的图案连成线就消掉,否则就不会有任何动作。类似这种如果条件成立就选择 A,否则就选择 B 的结构,就是选择结构(见图 3.7)。

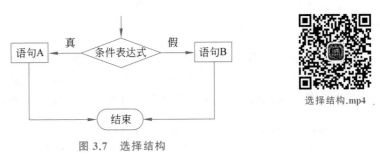

选择结构.mp4

图 3.7 选择结构

3.5.1 if 语句

if 语句构成的选择结构可以分为单条件表达式和多条件表达式两种类型。具体语法格式如下。

(1) 单条件表达式选择结构的语法格式如下。

```
if(条件表达式){
    语句 A
} else {
    语句 B
}
```

如上所述,如果"条件表达式"为真,则执行语句 A;否则执行 else 后面语句 B(见图 3.7)。

(2) 多条件表达式选择结构的语法格式如下。

```
if(条件表达式 1){
    语句 A
} else if(条件表达式 2){
    语句 B
} else {
    语句 C
}
```

如上所述,如果"条件表达式 1"成立,则执行语句 A;否则会判断"条件表达式 2"是否成立,如果"条件表达式 2"成立,则执行语句 B;否则执行 else 中的语句 C。执行流程如图 3.8 所示。

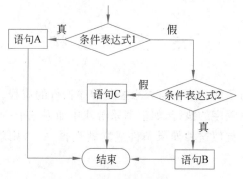

图 3.8 多条件选择结构

【例 3.1】 中午食堂为大家提供了面条、饺子、米饭三种主食,每个人只能选一种主食,张三为此犹豫不决,于是决定通过丢骰子进行选择。如果骰子值为 1 或 2,则吃面条;如果骰子值为 3 或 4,则吃饺子;否则就吃米饭。请通过选择结构实现张三意图。

```java
public static void main(String[] args) {
    int dice;            //定义一个 int 类型变量,用来作为骰子值
    dice = 2;            //随机自定义一个数字 2,作为骰子当前的值,即对 dice 进行初始化
    if (dice==1 || dice==2) {
        System.out.println("吃面条");          //骰子值为 1 或 2,吃面条
    } else if (dice==3 || dice==4) {
        System.out.println("吃饺子");          //骰子值为 3 或 4,吃饺子
    } else {
        System.out.println("吃米饭");          //上述条件都不满足,则吃米饭
    }
}
```

3.5.2 switch 语句

switch 语句是 Java 中多条件分支语句,主要通过一个表达式的多种不同结果来执行不同语句。switch 语句的语法格式如下。

```
switch(表达式) {
    case 值 1:
        语句块 1;
        break;
    case 值 2:
        语句块 2;
        break;
    ...
    case 值 n:
        语句块 n;
        break;
    default:
        语句块 n+1;
    break;
}
```

switch 作为语句的开始,根据表达式的值与 case 的值一一比对,值相同则执行对应 case 的语句块,执行完毕通过 break 跳出 swith 分支结构,通常 case 和 break 都是成对出现,否则会导致分支执行混乱。如果表达式的值与所有 case 的值都没有匹配成功,则执行 default 对应的语句块。

switch 语句与多条件下的 if-else 语句相比,具有以下优势。

(1)多条件分支场景更简洁、可读性更好。

(2)能根据表达式结果的多样化进行条件选择,if 分支仅识别 boolean 类型结果。

通过 switch 实现例 3.1 的代码如下。

```
public static void main(String[] args) {
    int dice;              //定义一个 int 类型变量,用来作为骰子值
    dice = 2;              //随机自定义一个数字 2,作为骰子当前的值,即对 dice 进行初始化
    switch (dice){
        case 1:case 2:
            System.out.println("吃面条");        //骰子值为 1 或 2,吃面条
            break;
        case 3:case 4:
            System.out.println("吃饺子");        //骰子值为 3 或 4,吃饺子
            break;
        default:
            System.out.println("吃米饭");        //上述条件都不满足,则吃米饭
    }
}
```

上述代码示例中,dice 变量值为 1 或 2 都是执行"吃面条"同一个语句,可以将两个执行同一个语句块的 case 写在一起,可读性更好。

3.6 循 环 结 构

循环结构是指在程序中需要反复执行某个任务而设置的一种程序结构。通常,循环结构由循环条件和循环体组成。例如,打印机打印一份文件是程序任务(循环体),打印 10 份就需要循环执行打印任务 10 次(循环条件)。

Java 程序中引入了三种循环结构:for 循环、while 循环和 do-while 循环。

循环结构.mp4

3.6.1 for 循环

for 循环是 Java 程序开发中最常用的循环结构。for 循环结构的语法如下。

```
for(  ①循环变量;②条件表达式;④循环体 2){
    ③循环体 1
}
```

for 循环执行流程如图 3.9 所示。

步骤 1   初始化循环变量。

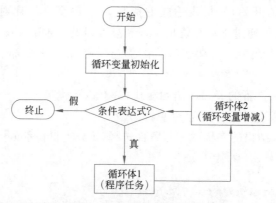

图 3.9 for 循环执行流程

步骤 2　判断条件表达式真假。如果值是 true,则执行循环体 1;否则循环终止。
步骤 3　执行循环体 1。通常循环体 1 是需要被重复执行的程序任务。
步骤 4　执行循环体 2。通常循环体 2 是控制循环变量增减来影响循环执行的次数。第四步执行完成之后,再回到步骤 2 重新判断循环条件真假,进而决定是否继续执行循环。

【例 3.2】　用 for 循环计算 1~100 自然数相加之和。

```
public static void main(String[] args) {
    int num=0;                                      //定义变量 num 用于求和
    for (int i = 1; i <= 100; i++) {
        num+=i;                                     //求和
    }
    System.out.println("1~100 自然数之和:"+num);    //输出结果
}
```

3.6.2　while 循环

while 循环是 Java 中的基本循环结构。while 循环的执行顺序是先判断循环条件,再执行循环体。具体语法如下。

```
While(条件表达式){
    循环体
}
```

while 循环执行流程如图 3.10 所示。

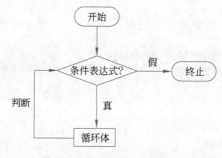

图 3.10　while 循环执行流程

步骤1 根据条件表达式的值判断循环条件。如果值为 true,则执行循环体;否则终止循环。

步骤2 执行循环体,再重复步骤1。

【例3.3】 用 while 循环计算 1~100 自然数之和。

```
public static void main(String[] args) {
    int num=0;                                   //定义变量num用于求和
    int i=0;                                     //定义循环变量
    while(++i <= 100){                           //使用++运算符完成变量i自增
        num+=i;                                  //求和
    }
    System.out.println("1~100自然数之和:"+num);   //输出结果
}
```

3.6.3 do-while 循环

do-while 循环结构先执行循环体再进行循环条件判断,即使循环条件为 false,循环体也会被执行一次。具体语法如下。

```
do {
    循环体;
}while(条件表达式);
```

do-while 循环执行流程如图 3.11 所示。

步骤1 执行循环体。

步骤2 判断条件表达式。如果值为 true,则回到步骤1;否则终止循环。

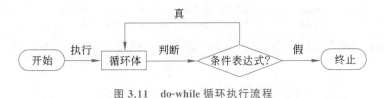

图 3.11 do-while 循环执行流程

【例3.4】 用 do-while 循环计算 1~100 自然数相加之和。

```
public static void main(String[] args) {
    int num=0;                                   //定义变量num用于求和
    int i=0;                                     //定义循环变量
    do {
        num+=++i;
    }while (i<100);
    System.out.println("1~100自然数之和:"+num);   //输出结果
}
```

3.6.4 嵌套循环

嵌套循环是指一个循环体内部有另一个循环。常见的是for循环体内嵌套for循环,也可以在for循环体内嵌套while循环,while循环体内嵌套for循环。嵌套循环的场景在实际开发中比较常见,如例3.5所示。

【例3.5】 使用嵌套循环打印九九乘法表。

```java
public static void main(String[] args) {
    System.out.println("九九乘法表");
    //第一个for循环遍历被乘数,从1到9
    for (int i = 1; i < 10; i++) {
        //第二个for循环遍历乘数,从1到i
        for (int j = 1; j <= i; j++) {
            System.out.print(i+" * "+j+"="+i*j+"\t");        //输出乘法口诀
        }
        System.out.println();                                //换行
    }
}
```

运行结果如图3.12所示。

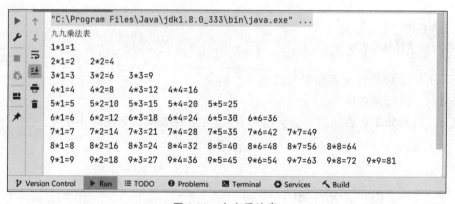

图3.12 九九乘法表

3.6.5 break 和 continue

1. break 语句

break语句可以强制循环终止。在循环结构中,当执行到break语句,将马上跳出并终止循环。使用场景参考例3.6。

【例3.6】 使用break语句实现在一维数组{6,6,6,6,3,6,6,6}中输出数字3在数组中的下标,并且终止循环。

```java
public static void main(String[] args) {
    int[] arrays={6,6,6,6,3,6,6,6};        //定义一维数组arrays,并完成初始化
    int length = arrays.length;             //获取一维数组的长度
```

```
    for (int i = 0; i < length; i++) {                  //循环遍历数组
        System.out.println("循环遍历第"+(i+1)+"次");       //记录循环次数
        int a = arrays[i];                              //获取数组元素
        if (a == 3) {
            System.out.println("数字 3 在数组中的下标是:"+i);
            System.out.println("循环终止");
            break;                                      //找到 3 并终止循环
        }
    }
}
```

程序运行结果如图 3.13 所示。

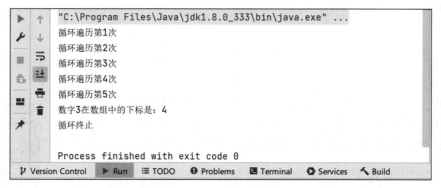

图 3.13　break 语句运行结果

通过程序运行结果可以看出，循环遍历了 5 次之后，通过 break 语句终止了循环。

2. continue 语句

continue 语句用于终止本次迭代，强制进入下一次迭代，不会终止整个循环的执行。具体使用参见例 3.7。

【例 3.7】　使用 continue 语句实现在一维数组{6,6,3,6,3,6,6,6}中，输出除了 3 以外的所有元素。

```
public static void main(String[] args) {
    int[] arrays={6,6,3,6,3,6,6,6};          //定义一维数组 arrays,并完成初始化
    int length = arrays.length;              //获取一维数组的长度
    for (int i = 0; i < length; i++) {       //循环遍历数组
        int a = arrays[i];                   //获取数组元素
        if (a==3){
            continue;                        //如果等于 3,则直接终止本次迭代,强制进入下一次迭代
        }
        System.out.println("数组元素:" + a);
    }
}
```

程序运行结果如图 3.14 所示。

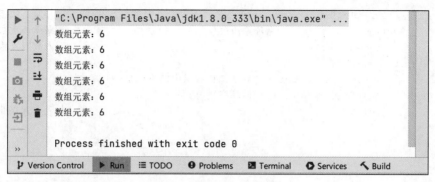

图 3.14　continue 语句运行结果

3.7　数　　组

数组是一种数据存储结构,用来有序存储一系列相同数据类型的元素。数组中的每一个元素都有下标标识,可以通过下标找到每一个元素。按照不同的维度,数组可以分为一维数组、二维数组和多维数组。

数组.mp4

3.7.1　数组的定义

在 Java 中,定义数组的语法格式如下。

```
数据类型[] 数组名;
```

对于数组的定义也有另一种形式,其语法格式如下。

```
数据类型 数组名[];
```

上述两种语法格式用来定义一维数组,两者的区别在于"[]"的位置不同,但是其作用完全一样。在 Java 中,建议使用第一种语法格式来定义数组。下面示例给出了不同数据类型的数组定义。

```
byte[] a;                    //定义一个 byte 类型的数组,数组名为 a
double[] b;                  //定义一个 double 类型的数组,数组名为 b
```

3.7.2　数组初始化

数组的初始化就是在内存中为数组划分存储空间和赋初值。数组的初始化分为静态初始化和动态初始化。

1. 静态初始化

数组静态初始化是指在定义数组时直接指定数组元素。语法格式如下。

数据类型[] 数组名={元素1,元素2,元素3,...,元素n};

静态初始化还有另一种形式。具体语法格式如下。

数据类型[] 数组名=new 数据类型[]{元素1,元素2,元素3,...,元素n};

数组静态初始化通过大括号指定数组元素,元素之间以逗号分隔。具体示例如下。

```
int[] a={1,2,3};                    //定义整型数组a,并初始化赋值
int[] b=new int[]{10,20,30};        //定义整型数组b,并初始化赋值
```

2. 动态初始化

数组动态初始化只分配内存空间,即数组长度,不给数组指定具体元素。具体语法格式如下。

数据类型[] 数组名=new 数据类型[数组长度]

数组动态初始化需要指定数组长度,计算机根据数组长度进行内存分配。具体示例如下。

```
int[] a = new int[5];    //定义一个数组a,并初始化数组长度为5
```

数组动态初始化指定了数组长度,则不能同时使用大括号指定数组元素。以下为错误示例。

```
Int[] b=new int[3]{1,2,3};                //错误
```

3.7.3 数组的操作

1. 数组的存取

通过数组下标可以访问数组中的每一个元素,并实现数组元素的存取。数组下标从0开始,下标为0的元素就是数组中的第一个元素(见图3.15)。

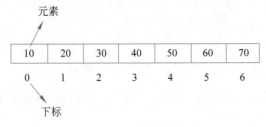

图 3.15 一维数组

一维数组的存取操作示例如下。

```java
//获取
int[] intArray = new int[]{10,20,30,40};        //静态初始化数组 intArray
int a = intArray[0];                            //获取数组 intArray 下标为 0 的元素,并赋值给变量 a
System.out.println(a);                          //输出 a 的值
//存储
char[] charsArray = new char[5];                //创建一个长度为 5 的空数组
charsArray[1]='B';                              //将字符 B 存储到数组下标为 1 的空间中
//修改
double[] doubleArray = new double[]{1.1,1.2,1.3};  //创建一个数组并初始化
doubleArray[2]=2.3;                             //修改数组 doubleArray 中下标为 2 的空间元素为 2.3,将会替换
                                                //  原值 1.3
```

2. 数组的遍历

数组遍历即依次访问数组每个元素的过程。从第一个元素开始遍历数组,直至访问到数组的最后一个元素为止,此过程需要通过 length 属性获取数组的长度。具体示例如下。

```java
//创建数组 charsArray,并完成数组静态初始化
char[] charsArray = new char[]{'A','B','C','D','E'};
int len = charsArray.length;    //获取数组长度
//通过 for 循环遍历数组,定义变量 i 为数组下标,变量 i 初始值为 0,即从数组的第一个元素开
//  始遍历
for (int i = 0; i < len; i++) {
    char c = charsArray[i];     //通过 i 的递增,从 0 开始逐一访问数组元素
    System.out.println(c);      //控制台输出遍历到的数组元素
}
```

3. foreach 遍历

foreach 是一种简化的循环体,可以用来进行数组的循环遍历。foreach 语法结构如下。

```java
for(数据类型 元素:数组){
    循环体
}
```

使用 foreach 进行数组循环,具体示例如下。

```java
int[] intArray=new int[]{10,20,30,40,50};       //创建一个 int 类型数组并初始化
//循环遍历数组
for (int a:intArray) {
    System.out.println(a);                      //依次输出数组每一个元素
}
```

foreach 循环只能从第一个元素开始遍历数组,无法倒序遍历数组。

3.7.4 二维数组

二维数组是一种矩阵型的存储结构(见图 3.16),二维数组由行和列组成。在实际应用中使用二维数组的场景较多,如围棋棋盘就可用二维数组表示(见图 3.17)。

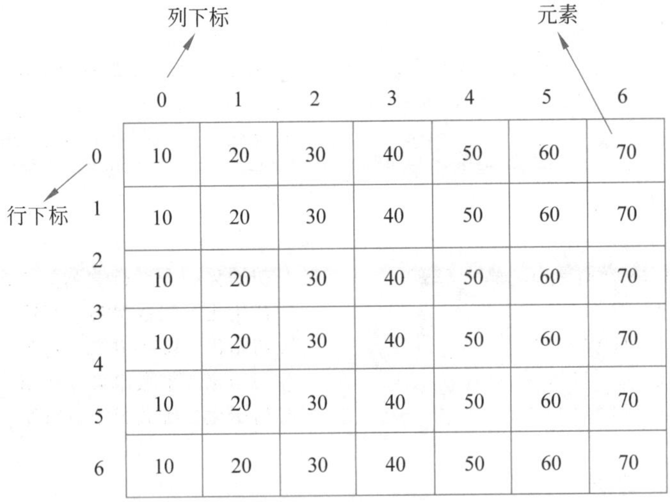

图 3.16 二维数组

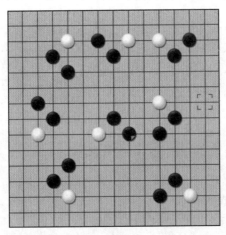

图 3.17 棋盘

1. 二维数组的定义

二维数组可以看作多个一维数组的并列结构。二维数组的定义与一维数组相似,由行和列组成,语法结构如下。

数据类型[ ][ ] 数组名;

从上述语法可以看到,二维数组的定义有两个中括号,第一个"[ ]"代表行,第二个"[ ]"代表列。具体示例如下。

```
int[][] array;              //定义一个 int 类型二维数组变量,命名为 array
double[][] doublesArray;    //定义一个 double 类型二维数组变量,命名为 doublesArray
```

2. 二维数组的初始化

二维数组初始化同样分为静态初始化和动态初始化。

1）静态初始化示例

```
int[][] array = {{10,20},{30,40}};          //初始化一个 2 行 2 列的 int 类型二维数组
double[][] doublesArray = new double[][]{{1.1,1.2},{2.1,2.2}};
                                            //初始化一个 2 行 2 列的 double 类型二维数组
```

2）动态初始化示例

```
char[][] charsArray=new char[2][2];         //初始化一个 2 行 2 列的二维数组
charsArray[0][0]='A';                       //初始化二维数组第一行第一列的元素
charsArray[0][1]='B';                       //初始化二维数组第一行第二列的元素
charsArray[1][0]='C';                       //初始化二维数组第二行第一列的元素
charsArray[1][1]='D';                       //初始化二维数组第二行第二列的元素
```

3．二维数组的遍历

二维数组的遍历是通过行下标和列下标依次访问每个元素的过程。遍历二维数组采用的是嵌套循环结构，外层循环遍历行数，内层循环遍历列数。具体示例如下。

```
char[][] charsArray=new char[2][2];         //初始化一个 2 行 2 列的二维数组
charsArray[0][0]='A';                       //初始化二维数组第一行第一列的元素
charsArray[0][1]='B';                       //初始化二维数组第一行第二列的元素
charsArray[1][0]='C';                       //初始化二维数组第二行第一列的元素
charsArray[1][1]='D';                       //初始化二维数组第二行第二列的元素

int rowLength = charsArray.length;          //获取二维数组行数
//遍历二维数组的行下标
for (int i = 0; i < rowLength; i++) {
    int colLength = charsArray[i].length;   //获取二维数组列数
    //遍历二维数组的列下标
    for (int j = 0; j < colLength; j++) {
        char c = charsArray[i][j];          //获取指定行下标和列下标对应的元素
        System.out.print(c + "\t");         //"\t"是一个水平制表符,目的是让数字有
                                            //  间距,视觉美观
    }
    System.out.println();                   //一个空输出,目的是换行
}
```

二维数组遍历的运行结果如图 3.18 所示。

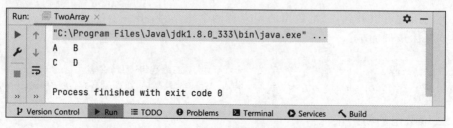

图 3.18　二维数组遍历的运行结果

本 章 小 结

(1) 不同的数据类型,计算机会分配不同的存储空间,开发中要选择合适的数据类型,以节省内存空间。
(2) 强制类型转换过程中,会导致数据存储内存的变化,进而导致数据精度的丢失。
(3) 数组是一种顺序数据存储结构,通过索引进行数据查找与操作。
(4) 循环语句一定要有循环终止条件,避免出现死循环。

练 习 题

一、填空题
(1) 数据类型转换分为_____和强制类型转换两种。
(2) 浮点数有两种,分别是_____和_____。
(3) byte 类型内存空间占_____位(bits),int 类型内存空间占_____字节。
(4) 逻辑表达式的计算结果是_____类型。
(5) Java 程序中整数默认是_____类型。

二、选择题
1. do-while 循环结构的循环体至少执行次数为( )。
   A. 0 　　　　　　　B. 1 　　　　　　　C. 2 　　　　　　　D. 3
2. 已知 a=1,经过++a 运算之后,a 的值为( )。
   A. 1 　　　　　　　B. 2 　　　　　　　C. 3 　　　　　　　D. 4
3. 数组第一个元素的下标是( )。
   A. 1 　　　　　　　B. 2 　　　　　　　C. 3 　　　　　　　D. 0
4. 获取数组长度的属性为( )。
   A. size 　　　　　　B. size() 　　　　　C. length 　　　　　D. length()
5. 选择运算符优先级最高的选项是( )。
   A. + 　　　　　　　B. ++ 　　　　　　C. > 　　　　　　　D. >>

三、编程题
1. 编写程序,找出 100 以内的质数并输出。
2. 编写程序,计算 100 以内所有偶数之和。

第4章 面向对象（初级）

本章学习目标

- 掌握面向对象类的方法的使用方法。
- 理解面向对象的设计思想。
- 掌握类和对象的创建与使用方法。
- 掌握构造方法的使用方法。
- 掌握 this 和 static 关键字的使用方法。
- 了解内部类的创建和使用方法。

4.1 面向对象程序设计

面向对象程序设计(object oriented programming,OOP)是一种软件开发方法,也是一种计算机编程架构。面向对象程序设计方法是尽可能模拟人类的思维方式,使得软件的开发方法与过程尽可能接近人类认识世界、解决现实问题的方法和过程,把客观世界中的实体抽象为程序中的对象。面向对象的核心组成是类和对象,面向对象的特征可以概括为封装、继承和多态。

1. 封装

封装即隐藏对象具体的实现细节,仅对外公开接口,以便使用。在程序设计过程中需要对外提供数据和操作数据的方法,数据和方法的载体就是类,类对使用者隐藏数据操作细节,这就是封装。例如,汽车由发动机、电气设备等部件组成,汽车厂商将这些部件都封装到车身外壳中组成一辆完整的汽车,用户在使用汽车时无须关心内部的组成和工作原理,这就是现实世界的封装,如图4.1所示。封装有如下两个优点。

图 4.1 汽车及组成部件

(1) 可重用。一次封装,反复使用。如汽车组装(封装)一次,反复使用。
(2) 更安全。无须更改细节,稳定性更好,即更安全。例如,汽车无须反复拆装,稳定性更好、更安全。

2. 继承

继承是在已经存在类的基础上进行扩展,进而产生新的类。已经存在的类称为父类或基类,新产生的类称为子类或派生类,子类默认拥有父类的属性和方法,是对父类特征的一种延续;同时也可以有新的属性和方法,是一种创新和扩展。面向对象的继承跟现实生活的"继承"有很多相似之处。例如,一只哈士奇 D 生了两只小哈士奇,分别是小 A 和小 B。小 A 和小 B 继承了哈士奇 D 特征的同时,两者也会有些差异,如图 4.2 所示。继承的优点如下。

(1) 复用性。子类对父类的属性和方法的延续,即子类复用父类的属性和方法,提升了程序代码的可复用性,进而提升软件开发效率。

(2) 扩展性。子类保留父类属性和方法的同时,具有新的属性和方法,这是对父类的扩展。在程序迭代开发中,从旧版本升级到新版本可以利用继承保留原有功能的同时扩展新功能,利用继承的扩展性提升程序开发效率。

图 4.2 继承性

3. 多态

多态即一种行为有多种表现形式。在继承关系中,子类定义了跟父类一样的方法,且修改了方法内部的代码实现,即子类重写父类方法。重写使同一个方法有两种不同的表现,这就是多态。例如,彩色打印机和黑白打印机都有打印行为,彩色打印机打印出彩色照片,黑白打印机打印出黑白照片,是一种多态的体现,即同一个行为有两种不同的结果,如图 4.3 所示。多态有以下优点。

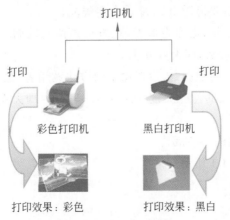

图 4.3 打印机的多态性

（1）维护性。在软件升级维护中，通常对旧方法进行升级改造的同时还要保留旧方法，这就要利用多态性通过子类重写父类的方法来实现，即在子类对此方法进行升级改造，同时也保留了父类方法不变，因此多态特征使程序的可维护性更好。

（2）扩展性。多态使得系统更容易进行功能扩展，通过创建新的子类，可以轻松地添加新的形为或功能，而无须改变现有的代码。这样可以遵循"开放-封闭"原则，即对扩展是开放的，对修改是封闭的。

（3）替换性。多态提供了接口的一致性，使得对象可以在不同的上下文中互相替换，这种可替换性使得代码更具灵活性和可移植性，同时也方便进行单元测试和模块化开发。

4.2 方　　法

方法（method）是解决某个问题而有序组合在一起的语句集合，具有可重用性。在程序中存在相同的代码被多次使用，可以将需要重复使用的代码定义成一个方法，进而减少代码冗余、便于程序语句的复用和维护。

方法.mp4

4.2.1　方法的定义

Java 中的方法定义在类中，一个类中可以定义多个方法。方法的定义由修饰符、返回值类型、方法名、参数及方法体组成。语法格式如下。

```
修饰符 返回值类型 方法名(数据类型 参数名,数据类型 参数名,...){
    方法体
    return 返回值;
}
```

定义方法的详细说明如下。

（1）修饰符：方法修饰符一般用于定义方法被使用的权限范围或调用方式，如访问权限限定符、静态修饰符 static 等。

（2）返回值类型：限定方法返回值的数据类型。

（3）方法名：方法名需要遵循 Java 变量命名规范。

（4）参数名：是一个变量，也称为形参，是方法预留的数据入口，用于给方法内部进行数据输入。方法可以没有参数，即无参方法。

（5）返回值：方法输出的数据，该数据输出给方法调用者，是方法中数据的出口。返回值和返回值类型是配套定义的，方法的返回值可以是空值，即无返回值，无返回值情况下的返回值类型为 void。

方法定义示例图解如图 4.4 所示。

方法的定义示例如例 4.1 所示。

图 4.4　方法的定义

【例 4.1】　无返回值和有返回值方法的定义。

```java
public class VoidMethodDemo {
    //有返回值的方法:计算两个数的和,并返回结果
    public static int plus(int a, int b){
        int c = a+b;
        return c;
    }
    //无返回值的方法:输出结果到控制台
    public static void printResult(int result){
        System.out.print("结果是:"+result);
    }
}
```

4.2.2　方法的调用

在 Java 中,除了 main 方法外,所有方法只有在被调用时才会执行方法中的代码,因此要执行方法,必须调用方法。方法的调用示例如例 4.2 所示。

【例 4.2】　无参数方法、有参数有返回值方法、有参数无返回值方法的调用。

```java
public class CallMethodDemo {
    public static void main(String[] args) {
        printWord();                    //无参数无返回值
        int result = plus(2,3);         //有参数有返回值
        printResult(result);            //有参数无返回值
    }
    //无参数方法
    public static void printWord(){
        System.out.println("Hello World!");
    }
    //有返回值的方法:计算两个数的和,并返回结果
    public static int plus(int a, int b){
        int c = a+b;
        return c;
    }
```

```java
        //无返回值的方法:输出结果到控制台
        public static void printResult(int result){
            System.out.print("结果是:"+result);
        }
    }
```

方法的调用场景分为如下三种情况。

(1) 无参数无返回值。如果方法没有参数,即无形参,则调用方法无须提供实参。如果方法无返回值,则方法调用就是一条独立的语句,如例 4.2 中 printWord 方法的调用。

(2) 有参数无返回值。如果方法有参数无返回值,则方法调用作为一条独立语句且传入实参即可,如例 4.2 中 printResult(result)的调用。

(3) 有参数有返回值。如果方法有返回值,通常方法作为一个值来处理,如例 4.2 中 plus(2,3)的调用。

4.2.3 方法的好处

方法有如下两个好处。
(1) 提高代码的重用性,提升开发效率。
(2) 使代码变得简短且清晰,方便程序的维护。

在实际开发中,如果需要计算 1~10 所有自然数之和,也需要计算 50~100 自然数之和,这两个需求仅求和范围不同,求和的过程是一模一样的。如果把同样的求和过程写两遍,那么冗余代码较多,不便于维护,如例 4.3 所示。如果将重复的代码通过方法进行封装,就能起到重用的效果,且代码变得简单易读,如例 4.4 所示。

【例 4.3】 不使用方法,分别计算 1~10、50~100 自然数之和。

```java
public static void main(String[] args) {
    //1~10 自然数之和
    int sum1 = 0;
    for (int i = 0; i <= 10; i++) {
        sum1 +=i;
    }
    System.out.println("1~10 自然数之和为:"+sum1);
    //50~100 自然数之和
    int sum2 = 0;
    for (int i = 50; i <= 100; i++) {
        sum2 +=i;
    }
    System.out.println("1~100 自然数之和为:"+sum2);
}
```

【例 4.4】 使用方法,分别计算 1~10、50~100 自然数之和。

```java
public static void main(String[] args) {
    //1~10 自然数之和
    sumOfNumbers(1,10);
```

```
    //50~100 自然数之和
    sumOfNumbers(50,100);
}
//定义方法:求两个数之间的自然数之和
public static void sumOfNumbers(int startNum,int endNum){
    int sum = 0;
    for (int i = startNum; i <= endNum; i++) {
        sum +=i;
    }
    System.out.println(startNum+"到"+endNum+"自然数之和为:"+sum);
}
```

4.2.4 方法重载

方法重载是指在一个类中定义多个同名的方法,但要求每个方法具有不同的参数的类型或参数的个数。调用重载方法时,Java 编译器能通过检查调用方法的参数类型和个数选择一个恰当的方法。方法重载通常用于创建完成一组任务相似但参数类型、参数个数或参数顺序不同的方法,如例 4.5 所示。

【例 4.5】 使用方法重载实现不同情景下的最小值。

```
public class MethodOverloadDemo {
    public static void main(String[] args) {
        int result1 = min(1,2);
        float result2 = min(1.3F,1.1F);
        int result3 = min(4,5,6);
        System.out.println("1 和 2 的最小值:"+result1);
        System.out.println("1.1 和 1.3 的最小值:"+result2);
        System.out.println("4、5 和 6 的最小值:"+result3);
    }
    //计算两个整数中的最小值并返回
    public static int min(int num1,int num2){
        if (num1>num2) {
            return num2;
        }
        return num1;
    }
    //计算两个浮点数的最小值并返回
    public static float min(float num1,float num2){
        if (num1>num2) {
            return num2;
        }
        return num1;
    }
    //计算三个整数中的最小值并返回
    public static int min(int num1,int num2,int num3){
        return min(min(num1,num2),num3);
    }
}
```

程序运行结果如图 4.5 所示。

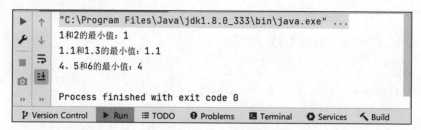

图 4.5　例 4.5 的运行结果

4.2.5　方法的递归

递归是一个方法在其定义中有直接或间接调用自身,直至触发终止条件而结束的过程。递归通常把一个大型复杂的问题层层转换为一个与原问题相似的规模较小的问题来求解,方法递归只需少量的程序就可描述出解题过程所需要的多次重复计算,大大地减少了程序的代码量,如例 4.6 所示。

【例 4.6】　使用递归方法实现阶乘运算。

```java
public class RecursionDemo {
    /*
        计算阶乘
        即 n!=1×2×3×…×(n-1)×n,
        阶乘也可以用递归方式定义:0!=1,n!=(n-1)!×n
    */
    public static long factorial(int n){
        //结束条件: n 为 0 的时候结束递归
        if (n == 0) {
            return 1;
        }
        return n * factorial(n-1);
    }
    public static void main(String[] args) {
        //计算 10!
        long f = factorial(10);
        System.out.println("10 的阶乘:"+f);
    }
}
```

程序运行结果如图 4.6 所示。

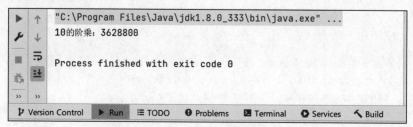

图 4.6　例 4.6 的运行结果

4.3 类和对象

在现实世界中,万事万物皆对象,如一个足球、一辆汽车等都是对象。面向对象程序设计就是把现实世界中的对象体现在编程世界中,对象的动态行为抽象为方法,对象的静态特征抽象为属性。例如,一辆汽车是一个对象,该汽车的颜色和品牌属于静态特征,作为对象的属性,汽车行驶属于动态行为,作为对象的方法,如图 4.7 所示。

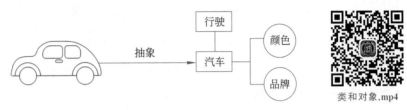

图 4.7 汽车属性和方法

类是表示客观世界某类群体的特征抽象,类是对象的抽象定义,是封装对象属性和行为的载体。对象是类的实例,类是对象的模板。例如,包子是一个类,包子的特征是包子馅,包子这个类没有指定具体的包子馅,这是对包子特征的抽象。某个包子店里面的酸菜包子和芹菜包子是对象,明确了包子馅的内容,是包子类的具体体现,如图 4.8 所示。

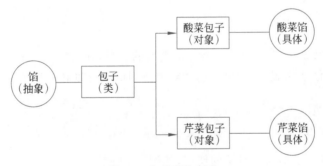

图 4.8 包子类和对象

4.3.1 类的定义

类是属性和方法的载体,类的定义包括属性和方法的定义。类定义的语法格式如下。

```
修饰符 class 类名{
    属性类型 属性名;
    ...
    修饰符 返回值类型 方法名([参数列表]) {
        //方法体
        return 返回值;
    }
}
```

根据上述语法格式定义一个汽车类，如例 4.7 所示。

【例 4.7】 定义 Car 类。

```
public class Car {
    String color;                    //颜色属性
    String brand;                    //品牌属性
    //定义行驶方法
    public void run(){
        System.out.println("汽车颜色为:"+color+",品牌为:"+brand+",正在行驶");
    }
}
```

例 4.7 中定义了一个类，Car 是类名，其中 color 和 brand 是该类的属性，即成员变量，run() 是该类的方法。在类的方法中，可以直接对成员变量进行访问。

4.3.2 对象的创建和使用

类是对象的模板，对象是类的具体实例，因此对象是通过类来创建的。创建对象的具体语法格式如下。

```
类名 对象名 = new 类名();
```

创建 Car 类的实例对象具体示例如下。

```
Car car = new Car();
```

上述示例中，"Car car"声明了一个 Car 类型的变量，通过"new Car()"创建的对象赋值给变量 car。对象创建完成后，就可以通过对象访问成员变量和方法了。其语法格式如下。

```
对象名.成员变量;
对象名.方法名();
```

接下来通过具体示例演示对象的使用，如例 4.8 所示。

【例 4.8】 通过 Car 类创建对象并使用。

```
public class Car {
    String color;                    //颜色属性
    String brand;                    //品牌属性
    //定义行驶方法
    public void run(){
        System.out.println("汽车颜色为:"+color+",品牌为:"+brand+",正在行驶");
    }
    public static void main(String[] args) {
        Car car1 = new Car();
        car1.color = "红色";
        car1.brand = "比亚迪";
        car1.run();
```

```
        Car car2 = new Car();
        car2.color = "白色";
        car2.brand = "长安";
        car2.run();
    }
}
```

上述示例中,通过 Car 类创建了两个对象 car1 和 car2,分别为 car1 和 car2 属性赋值,并调用 run 方法。

程序运行结果如图 4.9 所示。

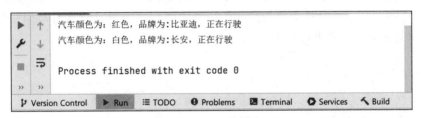

图 4.9 例 4.8 的运行结果

4.3.3 访问控制符

访问控制符是用来修饰类、方法、属性的关键字,其作用是限定被修饰对象的访问权限。Java 的访问控制符有 4 个,分别是 public、protected、default 和 private,详细说明见表 4.1。

表 4.1 访问控制符作用域

访问控制符	本类	同一个包	子类	其他类
public	yes	yes	yes	yes
protected	yes	yes	yes	no
default(默认)	yes	yes	no	no
private	yes	no	no	no

1. public

public 是公有访问控制符,被其修饰的类、方法和属性等能被程序中所有类访问。在 Java 中,类会通过包(package)进行存放,按照功能不同,分别存放在不同的包中。同一个包中的类可以无条件限制地互相访问,而不同包中的类互相访问就有了限制。公有类、公有方法、公有属性等能被程序中其他类访问。跟类文件同名的类称为主类,主类必须是公有的。

2. protected

protected 是受保护的访问控制符,被其修饰的类、方法和属性等能被同一个包中的类和其子类访问。

3. default(默认)

默认访问控制符,即无任何访问控制符。默认的访问控制符修饰的类、属性和方法等只能被同一个包中的类访问。

4. private

private 是私有访问控制符，被 private 修饰的类、方法和属性等只能被类自身访问，属于最高级别的访问限制。

封装就是将该隐藏的隐藏，该公开的公开。在 Java 中，封装特性可以使用访问控制符完成。

4.4 构造方法

构造方法是一种特殊的方法，是一个与类同名的方法。对象的创建就是通过构造方法来完成，其功能主要是完成对象的初始化。当类实例化一个对象时会自动调用构造方法。构造方法和其他方法一样也可以重载。

4.4.1 构造方法的定义

构造方法，也称为构造器。构造方法的定义满足如下两个条件。

(1) 构造方法与类同名，大小写与类名一致。
(2) 构造方法没有返回值类型。

接下来演示定义一个类的构造方法，如例 4.9 所示。

【例 4.9】 使用构造方法定义 Cat 类并创建对象。

```
public class Cat {
    //定义构造方法
    public Cat(){
        System.out.println("构造方法被执行");
    }
    public static void main(String[] args) {
        Cat cat = new Cat();                //通过构造方法创建对象
    }
}
```

程序运行结果如图 4.10 所示。

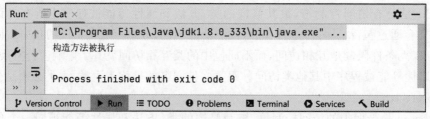

图 4.10 构造方法执行结果

通过图 4.10 可以看出，当执行"new Cat()"创建对象时构造方法也被执行，即创建对象时会执行构造方法。在之前的示例中，没有定义构造方法也能创建对象是因为每一个类都有一个默认的构造方法，如果没有显式写出构造方法，创建对象时会执行默认的构造方法；如果显式写出构造方法，系统就不再提供默认的构造方法。

4.4.2 构造方法的重载

系统提供的默认构造方法,属于无参构造方法,不能满足更多对象创建的需求。例如,创建对象的同时,进行成员变量的初始化赋值。为了满足多样化对象创建的需求,就需要多个构造方法,与普通方法一样,只要构造方法参数不同,就可以实现构造方法的重载。构造方法的重载示例如例4.10所示。

【例4.10】 使用构造方法的重载,创建不同的Cat对象。

```java
public class Cat {
    String name;                        //猫的名字
    int age;                            //猫的年龄
    //无参构造方法,即系统默认构造方法
    public Cat() {
    }
    //构造方法初始化对象的名字属性
    public Cat(String str) {
        name = str;
    }
    //构造方法初始化对象的名字和年龄属性
    public Cat(String str, int a) {
        name = str;
        age = a;
    }
    public void show(){
        System.out.println("猫名字:"+name + ",猫年龄:"+age);
    }
    public static void main(String[] args) {
        //创建对象,并初始化猫名字为"汤姆"
        Cat tomCat = new Cat("汤姆");
        //创建对象,并初始化猫名字为"加菲"及年龄为3岁
        Cat garfieldCat = new Cat("加菲", 3);

        tomCat.show();
        garfieldCat.show();

    }
}
```

程序运行结果如图4.11所示。

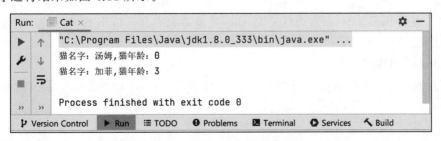

图4.11 例4.10的运行结果

在例 4.10 中，Cat 类定义了三个构造方法，一个无参构造方法和两个有参构造方法，三个构造方法仅参数个数不同，符合重载条件。其中，一个参数的构造方法仅初始化了名字属性，两个参数的构造方法初始化了名字和年龄属性。

4.5 this 和 static

4.5.1 this 关键字

定义在类中的属性称为成员变量，定义在方法中的变量称为局部变量，除此之外，方法的参数也是一种局部变量。成员变量和局部变量可以重名，为了避免调用混淆，Java 提供了 this 关键字表示当前对象，即在对象内部通过 this 关键字来调用成员变量和方法。例 4.11 演示了 this 关键字的本质。

【例 4.11】 this 对象。

```java
public class Cat2 {
    //无参构造方法,即系统默认构造方法
    public Cat2() {
        System.out.println(this);           //输出 this 地址
    }
    public static void main(String[] args) {
        Cat2 cat1 = new Cat2();
        System.out.println(cat1);           //输出 cat1 对象地址
    }
}
```

程序运行结果如图 4.12 所示。

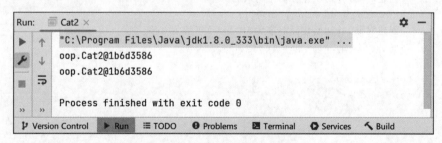

图 4.12 例 4.11 的运行结果

例 4.11 分别打印输出了 this 和 cat1 对象地址，根据图 4.12 的运行结果可以看出两个地址一样，表示 this 等于 cat1，也就是说，this 就是对象本身。以下就 this 的三种常规用法进行演示和讲解。

1. this 调用成员变量

通过 this 调用成员变量可以与局部变量区分开。this 调用成员变量示例如例 4.12 所示。

【例 4.12】 通过 this 调用成员变量。

```java
public class Cat {
    private String name;                    //猫的名字
    private int age;                        //猫的年龄
    public Cat(String name, int age) {
        this.name = name;                   //this.name 表示成员变量,name 表示参数
        this.age = age;                     //this.age 表示成员变量,age 表示参数
    }
    public void show(){
        System.out.println("猫名字:"+name + ",猫年龄:"+age);
    }
    public static void main(String[] args) {
        //创建对象
        Cat tomCat = new Cat("汤姆", 3);
        tomCat.show();
    }
}
```

程序运行结果如图 4.13 所示。

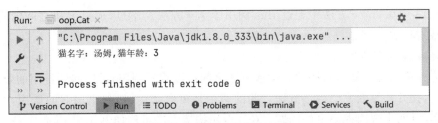

图 4.13 例 4.12 的运行结果

例 4.12 中成员变量和方法参数重名,通过 this 调用成员变量,以便与方法参数区分开,避免冲突。

2. this 调用成员方法

this 调用成员方法如例 4.13 所示。

【例 4.13】 通过 this 调用成员方法。

```java
public class Cat {
    private String name;                    //猫的名字
    private int age;                        //猫的年龄
    public Cat(String name, int age) {
        this.name = name;                   //this.name 表示成员变量,name 表示参数
        this.age = age;                     //this.age 表示成员变量,age 表示参数
    }
    public void say(){
        System.out.println("喵喵~~");
    }
    public void show(){
        System.out.println("猫名字:"+name + ",猫年龄:"+age);
```

```
        this.say();                        //通过this调用成员方法
    }
    public static void main(String[] args) {
        //创建对象
        Cat tomCat = new Cat("汤姆", 3);
        tomCat.show();
    }
}
```

程序运行结果如图 4.14 所示。

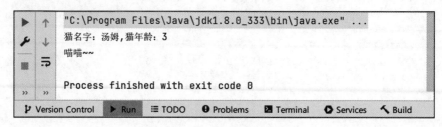

图 4.14　例 4.13 的运行结果

例 4.13 中在 show 方法中通过 this 调用了 say 方法。不过，成员方法之间的互相调用可以省略 this 关键字。

3. this 调用构造方法

构造方法也具有复用的特性。构造方法之间可以相互调用，可以起到复用的效果，减少代码冗余，提升开发效率。构造方法之间的调用是单向调用，切勿出现双向调用，否则会导致死循环，进而出现内存溢出的问题。this 调用构造方法示例如例 4.14 所示。

【例 4.14】 使用 this 调用构造方法。

```
public class Persion {
    String name;                          //姓名
    int age;                              //年龄
    int height;                           //身高
    public Persion(String name) {
        this(name,0);                     //调用两个参数的构造方法
    }
    public Persion(String name, int age) {
        this(name,age,0);                 //调用三个参数的构造方法
    }
    public Persion(String name, int age, int height) {
        this.name = name;
        this.age = age;
        this.height = height;
    }
    public void show(){
        System.out.println("姓名:"+name+",年龄:"+age+",身高:"+height);
    }
    public static void main(String[] args) {
```

```
        Persion persion = new Persion("张三");    //调用一个参数构造方法完成对象创建
        persion.show();
    }
}
```

程序运行结果如图 4.15 所示。

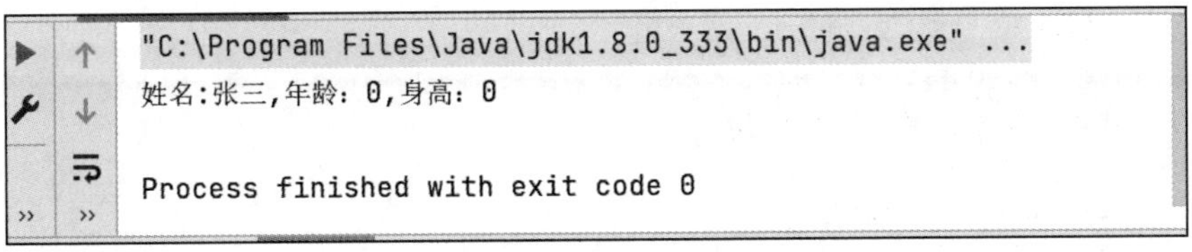

```
"C:\Program Files\Java\jdk1.8.0_333\bin\java.exe" ...
姓名:张三,年龄:0,身高:0

Process finished with exit code 0
```

图 4.15 例 4.14 的运行结果

4.5.2 static 关键字

通常,在类中定义的成员变量和成员方法需要通过对象来初始化和调用,但是有一种变量是所有对象共享,即独立于所有对象,这种变量属于类变量。类变量通过 static 关键字进行修饰,也称为静态变量。通过 static 修饰的方法称为静态方法。静态变量或静态方法直接通过类名进行调用。具体语法如下。

```
类名.静态变量
类名.静态方法
```

静态变量和静态方法有以下特点。
(1) 静态变量或静态方法,从属类。非静态变量或非静态方法,从属对象。
(2) 静态方法中不能通过 this 关键字调用非静态方法。
(3) 静态方法或非静态方法都可以直接调用静态方法。
(4) 静态变量在类初始化时完成初始化,非静态变量在对象创建时完成初始化。

【例 4.15】 使用 static 定义成员变量和方法,并调用。

```
public class StaticDemo {
    static int num;                         //定义静态成员变量
    int flag;                               //定义非静态成员变量
    public void print(){
        System.out.println("num 的值:"+num+",flag 的值:"+flag);
        show();                             //调用静态方法
    }
    //定义静态方法
    public static void show(){
        System.out.println("这是一个静态方法,");
    }
    //定义静态方法
    public static void log(){
        System.out.println("静态方法:打印日志信息");
    }
```

```java
    public static void main(String[] args) {
        //调用静态成员变量
        StaticDemo.num = 10;
        //创建对象
        StaticDemo staticDemo1 = new StaticDemo();
        //调用非静态成员变量,需要通过对象调用
        staticDemo1.flag = 100;
        //创建第二个对象,并为 flag 赋值
        StaticDemo staticDemo2 = new StaticDemo();
        staticDemo2.flag = 200;

        staticDemo1.print();
        staticDemo2.print();
        log();                              //直接调用静态方法
    }
}
```

程序运行结果如图 4.16 所示。

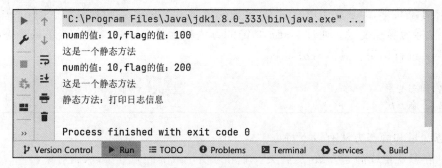

图 4.16　例 4.15 的运行结果

通过程序运行结果可以看出,num 属于静态变量,属于对象共有,所以输出的 num 值相同;flag 属于非静态变量,属于对象私有,所以输出的 flag 值不同。log()属于静态方法,可以直接在 main 方法中进行调用。

4.6　代　码　块

代码块是指用大括号"{}"括起来的一段代码,在代码块内部可以定义局部变量、编写业务代码等。根据位置和修饰关键词不同,代码块分为构造代码块、静态代码块、方法代码块和同步代码块,其中,同步代码块属于多线程知识点,将在多线程部分讲解。

代码块.mp4

4.6.1　构造代码块

构造代码块是直接定义在类中的代码块,它没有任何修饰。构造代码块是在创建对象时,在构造方法之前执行。因此,构造代码块可以用来初始化成员变量或非静态常量。构造

代码块使用示例如例 4.16 所示。

【例 4.16】 定义构造代码块并使用。

```java
class Person{
    private final String name;           //声明非静态常量
    //构造代码块
    {
        name = "张三";                   //初始化非静态常量
        System.out.println("构造代码块");
    }
    public Person() {                    //无参构造方法
        System.out.println("构造方法");
    }
}
public class TestConstructorCodeBlock {
    public static void main(String[] args) {
        //创建对象
        Person person = new Person();
    }
}
```

程序运行结果如图 4.17 所示。

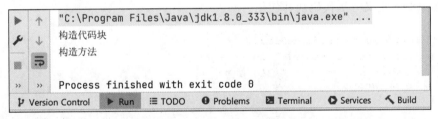

图 4.17 例 4.16 的运行结果

4.6.2 静态代码块

静态代码块是通过 static 关键字修饰的代码块,静态代码块是在类加载时执行,优先于所有代码块之前执行。静态代码块中可以进行静态常量的初始化,如例 4.17 所示。

【例 4.17】 定义静态代码块并使用。

```java
class Person{
    public final static String name;     //声明静态常量
    //静态代码块
    static {
        name = "张三";                   //初始化静态常量
        System.out.println("静态代码块");
    }
}
public class TestStaticCodeBlock {
    public static void main(String[] args) {
```

```
        //访问静态常量
        System.out.println("姓名:"+Person.name);
    }
}
```

程序运行结果如图 4.18 所示.

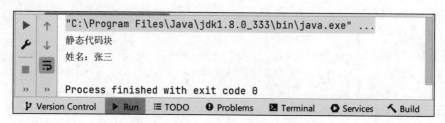

图 4.18　例 4.17 的运行结果

上述示例仅仅是调用了类的静态属性,除此之外无其他操作。类在被使用前会先完成类的初始化,通过运行结果可以看出,静态代码块在类初始化时执行。

4.6.3　方法代码块

方法代码块是在方法内定义的代码块,如例 4.18 所示。

【例 4.18】 定义方法代码块并使用。

```
public class TestMethodCodeBlock {
    public static void main(String[] args) {
        System.out.println("方法开始");
        //方法代码块
        {
            String name = "张三";              //声明局部变量,作用域仅限代码块内部
            System.out.println("方法代码块,name=" + name);
        }
        System.out.println("方法结束");
    }
}
```

程序运行结果,如图 4.19 所示。

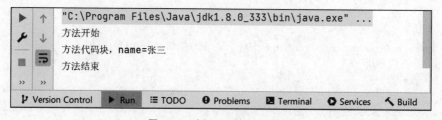

图 4.19　例 4.18 的运行结果

在方法代码块中定义的局部变量,其作用域仅限在方法代码块内部使用。

本 章 小 结

（1）面向对象程序设计的核心组成是类和对象，类是对象的抽象，对象是类的具体。
（2）对象长期不被使用，就会被内存回收机制（GC）回收，以便释放对象所占用的内存。
（3）被 static 修饰的属性、方法、代码块，都属于类级别，会被优先加载和初始化。

练 习 题

一、选择题
1. 以下方法定义正确的是（   ）。
    A. public method(){}   B. public void method{}
    C. public void method(){}   D. 以上都不正确
2. 有以下代码：

```
class ClassA{
    int value;
    public void method(int value){
        System.out.println(value);
    }
    public void method(){
        System.out.println(value);
    }
}
class TestClassA{
    public static void main(String args[]){
        ClassA classA = new ClassA();
        classA.value = 10;
        classA.method();
        classA.method(20);
    }
}
```

正确结果是（   ）。
    A. 编译不通过   B. 输出 10 10   C. 输出 10 20   D. 输出 0 20
二、简答题
有以下代码：

```
class ClassA{
    void method(){
        System.out.println("method()");
    }
    int method(int i){
```

```
        System.out.println("method(int)");
    }
    public static void main(String args[]){
        ClassA a = new ClassA();
        a.method();
        a.method(10);
    }
}
```

以上程序是否能编译通过？如果可以，写出该程序运行结果；如果不能，请说明理由并修改。

三、编程题

创建 Address 类用于表示收件地址，要求如下。

(1) 该类拥有四个属性：姓名(name)、详细地址(address)、联系电话(tel)、邮编(code)。

(2) 该类拥有两个构造方法：一个无参构造方法，一个有参构造方法。

第 5 章 面向对象（高级）

本章学习目标

- 掌握继承与多态特性。
- 掌握 super 和 final 关键字使用方法。
- 掌握抽象类的特性和使用方法。
- 掌握接口的特性和使用方法。
- 了解内部类的特性。

5.1 继 承

继承是面向对象三大特征之一，继承是在原有类功能的基础上扩展新功能，实现代码的复用。

5.1.1 继承的概念

现实生活中，继承是继续使用前人留下的财产，如继续使用前人留下的房子，即实现财产的复用。在面向对象中继承是通过现有类派生出新的类，新的类复用现有类的属性或方法，同时在新的类中可以有新的属性和方法，实现类的扩展。在 Java 中，子类继承父类的语法格式如下。

继承.mp4

```
class 子类 extends 父类 {
    属性和方法
}
```

Java 使用 extends 关键字指明两个类的继承关系。通过 extends 实现继承的子类可以直接使用父类中非私有属性和非私有方法，如例 5.1 所示。

【例 5.1】 子类对父类的继承。

```
//父类
class Parent {
    String name;                        //名称
    private int age;                    //年龄
    public void show(){
        System.out.println("姓名:"+name + ",年龄:"+age);
    }
```

```
    }
//子类
class Child extends Parent{
    String hairColor;                        //头发颜色
//子类定义的方法
    public void showHair(){
        System.out.println(name+"的头发颜色是"+hairColor);
    }
}
public class TestExtends {
    public static void main(String[] args) {
        Child child = new Child();
        child.name = "李四";
        //child.age=0; 错误。子类无法访问父类的私有属性
        child.hairColor = "黑色";
        child.show();                        //调用父类方法
        child.showHair();                    //调用子类方法
    }
}
```

程序运行结果，如图 5.1 所示。

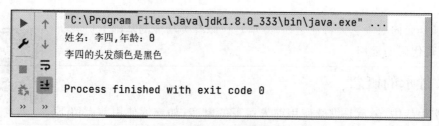

图 5.1　例 5.1 的运行结果

上述示例中，Child 类继承 Parent 类的非私有属性 name 和非私有方法 show()，完成类的复用。同时子类新增了 showHair 方法和 hairColr 属性，完成类的扩展。在 Java 中，一个子类只能有一个父类，但是一个父类能被多个子类继承。

5.1.2　方法重写

子类继承父类的方法，如果想对继承的方法进行改造，可以在子类中重写一个与父类方法名称、返回值类型、参数类型和参数个数一样的方法，仅对方法体内容进行修改，这就是方法重写。方法重写需要注意以下三点。

（1）子类方法与父类方法名、返回值类型、参数列表完全一样。

（2）子类重写方法的访问权限只能大于或等于父类访问权限。

（3）子类重写方法可以修改方法体。

接下来就子类重写父类方法进行代码演示，如例 5.2 所示。

【例 5.2】　实现子类重写父类方法。

```
//父类
```

```java
class Parent{
    private String name = "张三";              //名称
    private int age=26;                        //年龄
    public void drive(){
        System.out.println("父类驾驶方法");
    }
    protected int getAge(){
        System.out.println("获取父类年龄");
        return age;
    }
    public String getName(){
        System.out.println("获取父类名称");
        return name;
    }
}
class Child extends Parent{
    private int childAge = 13;
    //重写父类 drive 方法,修改方法实现
    public void drive(){
        System.out.println("子类驾驶方法");
    }
    //重写父类 getAge 方法。放宽访问限制、修改方法实现
    public int getAge(){
        System.out.println("获取子类年龄");
        return childAge;
    }
}
public class TestOverride {
    public static void main(String[] args) {
        Child child = new Child();
        child.drive();                         //调用的重写方法
        int age = child.getAge();              //调用的重写方法
        String name = child.getName();         //调用父类方法
        System.out.println("child 获取年龄:"+age+",child 获取父类名称:" + name);
    }
}
```

程序运行结果如图 5.2 所示。

图 5.2　例 5.2 的运行结果

在例 5.2 中子类 Child 重写了父类的 drive 方法和 getAge 方法，并且修改了 getAge 方法的访问控制符为 public。从程序运行结果可以发现，子类调用的是重写后的 drive 方法和 getAge 方法，而调用的 getName 方法依然是 Child 类继承自 Parent 类的方法。

方法重写与方法重载的区别如下。

（1）方法重写是子类与父类方法相同；方法重载是在同一个类中的同名方法。
（2）方法重写要求参数类型和参数个数相同；方法重载要求参数类型或参数个数不同。
（3）方法重写返回值类型必须相同；方法重载返回值类型可以不同。
（4）方法重写子类访问控制符必须宽松于父类访问控制符；方法重载访问控制符变化无限制。

5.1.3 super 关键字

super 关键字主要用在继承关系中的如下场景中。
（1）在子类中访问到父类中被重写的方法。
（2）子类的构造方法中调用父类的构造方法。

也就是 super 关键字主要用在继承关系的子类中，通过 super 可以访问到父类的方法和属性。其语法格式如下。

```
super.成员变量;
super.成员方法;
super([参数列表]);                          //调用父类构造方法
```

接下来演示 super 关键字的具体使用方法，如例 5.3 所示。

【例 5.3】super 关键字的具体使用方法。

```
class Parent{
    private String name;                    //姓名
    private int age;                        //年龄
    //父类无参构造方法必须写上
    public Parent(){
        System.out.println("无参构造器");
    }
    public Parent(String name, int age) {
        this.name = name;
        this.age = age;
    }
    public void show(){
        System.out.println("姓名:"+name +",年龄:"+age);
    }
}
class Child extends Parent{
    private String childName;               //子类姓名
    private int childAge;                   //子类年龄
    public Child(String childName, int childAge) {
        super();            //此处可以不写,如果不指定,则子类默认调用了父类无参构造方法
        this.childName = childName;
```

```
            this.childAge = childAge;
        }
        public Child(String name, int age, String childName, int childAge) {
            super(name, age);                     //调用父类构造方法
            this.childName = childName;
            this.childAge = childAge;
        }
        //重写父类方法
        public void show(){
            super.show();
            System.out.println("姓名:"+childName+",年龄:"+childAge);
        }
    }
    public class TestSuper {
        public static void main(String[] args) {
            Child child = new Child("父亲老张", 50, "儿子小张", 20);
            child.show();
        }
    }
```

程序运行结果如图 5.3 所示。

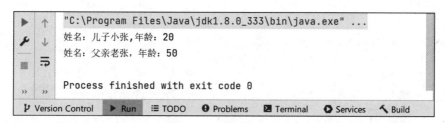

图 5.3　例 5.3 的运行结果

在例 5.3 中,创建 Child 类对象的同时完成 Parent 类对象属性的初始化工作,且在重写方法 show 中通过 super 关键字调用了父类的同名方法。通过程序运行结果来看,super 关键字完成了在子类中初始化父类对象和调用父类被重写的方法。

super 关键字在使用时有以下注意事项。
(1) 子类所有构造方法默认都调用了父类无参构造方法。即在初始化子类对象时,也同时完成了父类对象初始化。
(2) 如果父类进行构造方法重载,通常需要重载父类无参构造方法。

5.1.4　多态

多态是面向对象三大特征之一。多态特性建立在继承基础之上,指父类的同一个方法被多个子类重写,且具有不同的方法实现进而表现不同的行为,将这一现象称为多态。实现多态需要满足的条件如下。
(1) 子类继承父类,且实现方法的重写。

（2）父类的引用指向子类的对象。

接下来通过代码演示多态，如例 5.4 所示。

【例 5.4】 实现类的多态。

```java
//动物类
class Animal{
    String name;                          //名称
    public void sound(){
        System.out.println("动物叫声");
    }
}
//狗类
class Dog extends Animal{
    public void sound(){
        System.out.println(name+"的叫声：汪汪！");
    }
}
//猫类
class Cat extends Animal{
    public void sound(){
        System.out.println(name+"的叫声：喵喵！");
    }
}
public class TestPolymorphism {
    public static void main(String[] args) {
        Animal animal1;                   //定义一个动物类的引用变量
        animal1 = new Dog();              //将狗类对象赋值给父类的引用
        animal1.name = "小狗";
        animal1.sound();
        animal1 = new Cat();              //将猫类对象赋值给父类的引用
        animal1.name = "小猫";
        animal1.sound();
    }
}
```

程序运行结果如图 5.4 所示。

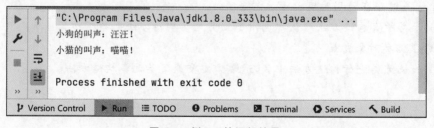

图 5.4　例 5.4 的运行结果

在例 5.4 中有 Animal 类，狗类（Dog）和猫类（Cat）分别继承自动物类（Animal），对于动物的行为（sound），猫和狗有不同的响应，例如，猫的叫声是"喵喵"，狗的叫声是"汪汪"，同一个行为（sound）有两种不同的响应，则称之为多态。

5.2　final 关键字

final 是不可改变的意思。在 Java 中，为了安全起见，一些类、方法或变量不可被修改，这时可以使用 final 关键字来修饰。final 关键字有以下特点。

（1）final 修饰的类不能被继承。
（2）final 修饰的方法不能被子类重写。
（3）final 修饰的变量是常量，初始化之后不能被修改。

5.2.1　final 关键字修饰类

使用 final 修饰的类称为最终类，属于不能被继承的类。类不允许被继承，即禁止修改和扩展，如 Java 中 System 类属于最终类不能被继承。final 修饰类的代码演示如例 5.5 所示。

【例 5.5】　final 修饰类的用法。

```
//使用 final 关键字修饰类
final class Parent{
}
//子类继承 final 修饰的类
class Child extends Parent{
}
public class TestFinal {
    public static void main(String[] args) {
        Child child = new Child();
    }
}
```

程序运行会出现如图 5.5 所示错误。

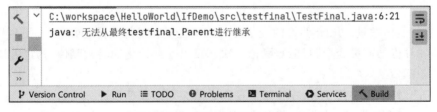

图 5.5　例 5.5 的运行结果

在例 5.5 中使用了 final 关键字修饰了 Parent 类，说明 Parent 类不能被继承，因此 Child 类继承 Parent 类会出现"无法从最终 testfinal.Parent 进行继承"的情况。

5.2.2　final 关键字修饰方法

使用 final 修饰的方法不能被重写。在实际开发中，如果因为某些原因不希望子类重写父类的方法，则可以使用 final 关键字进行修饰，如例 5.6 所示。

【例 5.6】 final 修饰方法的用法。

```java
class Parent{
    //final修饰方法
    public final void cry(){
        System.out.println("哭泣");
    }
}
class Child extends Parent{
    //错误:final修饰的方法不能被重写,此处编译错误
    public void cry(){
    }
}
public class TestFinalMethod {
    public static void main(String[] args) {
        Child child = new Child();
        child.cry();
    }
}
```

程序运行结果如图 5.6 所示。

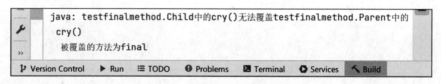

图 5.6 例 5.6 的运行结果

通过运行结果来看,程序出现编译错误,提示"被覆盖的方法为 final",也就是 final 修饰的方法不能被重写。

5.2.3 final 关键字修饰变量

使用 final 修饰的变量为常量。因为被 final 修饰的变量不能被再次修改,也就是不可变,不可变的量即常量。final 修饰的变量分为成员变量和局部变量,两者有如下区别。

(1) final 修饰成员变量,只能被赋值一次。可以在初始化的时候赋值、构造方法中赋值或代码块中赋值。

(2) final 修饰的局部变量,在变量被使用之前必须完成赋值。

被 final 修饰的变量只能被赋值一次,使用中不可再次被赋值,如例 5.7 所示。

【例 5.7】 使用 final 关键字修饰变量。

```java
public class FinalVar {
    final int a;
    final static int b;
    final static int c = 3;                    //final 静态成员变量:初始化时赋值
    final int d;
    final int e = 5;                           //final 成员变量:初始化时赋值
```

```
{
    a=1;                              //final 成员变量:代码块中赋值
}
static {
    b=2;                              //final 静态成员变量:需在静态代码块中赋值
}
public FinalVar() {
    d=4;                              //final 成员变量:构造方法中赋值
}
public void show() {
    final int f;
    f=6;                              //final 局部变量:先初始化再赋值
    final int g =7;                   //final 局部变量:初始化时赋值
    System.out.println("final 成员变量:代码块中赋值,a="+ a);
    System.out.println("final 静态成员变量:需在静态代码块中赋值,b="+ b);
    System.out.println("final 静态成员变量:初始化时赋值,c="+ c);
    System.out.println("final 成员变量:构造方法中赋值,d="+ d);
    System.out.println("final 成员变量:初始化时赋值,e="+ e);
    System.out.println("final 局部变量:先初始化再赋值,f="+ f);
    System.out.println("final 局部变量:初始化时赋值,g="+ g);
}
public static void main(String[] args) {
    FinalVar finalVar = new FinalVar();
    finalVar.show();
}
}
```

程序运行结果如图 5.7 所示。

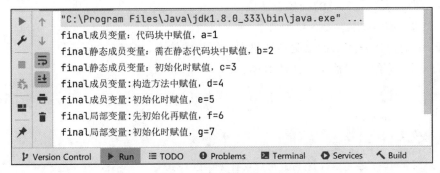

图 5.7　例 5.7 的运行结果

例 5.7 演示了 final 修饰变量的各种场景,其中被 final 修饰的静态变量需要在类初始化的时候完成赋值,因此 final 修饰的静态变量只能在初始化时或在静态代码块赋值。

5.3　抽象类和接口

抽象类和接口都是对类的抽象。在 Java 中,类分为具体类和抽象类。其中,具体类就是通常所说的"类",抽象类是对类的抽象描述。例如,猴和金丝猴是两种类,但金丝猴类属于猴类,因此相对金丝猴类而言,猴类属于更为抽象的类。比抽象类更抽象的是接口,抽象类是对类的抽象,接口是对行为特征的抽象。抽象类和接口有以下异同点。

(1) 接口和抽象类都有抽象方法。
(2) 接口和抽象类都不能被实例化。
(3) 接口允许多继承,抽象类只能单继承。
(4) 接口中属性只能是常量,抽象类中属性可以多样化。

抽象类与接口.mp4

5.3.1 抽象类

在面向对象的概念中,所有的对象都是通过类来创建的,但是反过来,并不是所有的类都是用来创建对象的。如果一个类中没有包含足够的信息来描绘一个具体的对象,这样的类就是抽象类。例如,车是小汽车、自行车等具体类的抽象概括,通过车类无法描绘一个具体的对象,因此车类是一个抽象类。抽象类中有抽象方法,抽象方法没有方法体和返回值,抽象方法用于描绘抽象的行为。其具体语法格式如下。

```
abstract class 类名{
    abstract 返回值类型 方法名称([参数列表]){}
}
```

其中,abstract 关键字修饰的类或方法分别为抽象类或抽象方法。abstract 关键字只能修饰普通方法,不能修饰构造方法或静态方法。抽象方法有以下特征。

(1) 没有方法体和返回值。
(2) 抽象方法存在于抽象类中。
(3) 子类必须重写父类的抽象方法。
(4) 抽象方法不能被 private 修饰。

接下来,通过代码演示抽象类和抽象方法的具体使用,如例 5.8 所示。

【例 5.8】 抽象类和抽象方法的具体使用。

```java
//车辆
abstract class Vehicle{
    //动力
    abstract String motivePower();
    //所有车辆都在地面行驶,因此可以在抽象类统一实现
    public String runMode(){
        return "地面行驶";
    }
}
//汽车
class Car extends Vehicle{
    //重写抽象方法
    @Override
    String motivePower() {
        return "汽油动力";
    }
}
```

```java
//自行车
class Bicycle extends Vehicle{
    //重写抽象方法
    @Override
    String motivePower() {
        return "人工动力";
    }
}
public class TestAbstract {
    public static void main(String[] args) {
        Car car = new Car();                                    //创建汽车对象
        Bicycle bicycle = new Bicycle();                        //创建自行车对象
        String carMotivePower = car.motivePower();              //获取汽车动力
        String bicycleMotivePower = bicycle.motivePower();      //获取自行车动力
        String carKeepRight = car.runMode();                    //汽车靠右行驶
        String bicycleKeepRight = bicycle.runMode();            //自行车靠右行驶
        System.out.println("汽车的动力:"+ carMotivePower);
        System.out.println("汽车在" + carKeepRight);
        System.out.println("自行车的动力:"+ bicycleMotivePower);
        System.out.println("自行车在" + bicycleKeepRight);

    }
}
```

程序运行结果如图 5.8 所示。

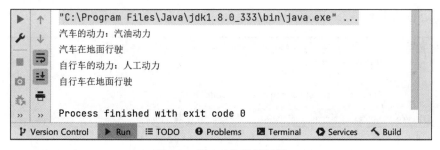

图 5.8 例 5.8 的运行结果

例 5.8 中车辆类属于抽象类，车辆无法确定具体的动力模式，因此将动力模式定义为抽象方法，以便不同子类通过重写抽象方法实现不同的动力模式。车辆行驶模式都是地面行驶，属于相同行为，因此定义具体方法。

5.3.2 接口

接口(interface)可以理解为一种特殊的抽象类，接口主要是行为特征的抽象。在现实世界中，有多个类别具有相同的行为特征。例如，靠右行驶行为特征，它被汽车、自行车和行人遵守执行，它仅仅属于汽车、自行车和行人的行为特征，这些行为特征不专属于某个类，因此将行为特征抽象为接口。在 Java 中，接口是一些方法特征的集合，是现实世界中行为特征的抽象表示。接口的语法格式如下。

```
interface 接口名 {
    静态常量;
    抽象方法;
}
```

interface 关键字用于定义接口,接口具有以下特征。

(1) 接口没有构造方法。
(2) 接口中只能定义常量。且声明时就需要完成初始化。
(3) 接口中方法的访问控制符通常省略不写,因为只有 public 一个选项。
接下来,通过代码演示接口的定义,如例 5.9 所示。

【例 5.9】 接口的定义举例。

```
//行为接口
interface DriveBehavior{
    String name = "驾驶行为规范";            //定义常量
    void keepRight();                      //靠右行驶
}
public class TestInterface {
    public static void main(String[] args) {
    //获取接口中的常量,并输出
        System.out.println("接口名称:"+DriveBehavior.name);
    }
}
```

程序运行结果如图 5.9 所示。

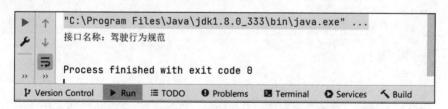

图 5.9 例 5.9 的运行结果

例 5.9 中定义的常量 name 的写法等同于"public final static String name",因为接口中只能定义静态常量,所以可以省略"public final static"关键词。

5.3.3 接口的实现

在面向对象程序设计思想中,接口只有被实现才能被使用。Java 提供 implements 关键字用于实现接口。语法规范如下。

```
class 类名 implements 接口1,接口2...{
    属性和方法
}
```

一个类可以实现多个接口,如例 5.10 所示。

【例 5.10】 一个类可以实现多个接口。

```java
//接口,描述驾驶行为规范
interface DriveBehaviorNorm{
    String name = "驾驶行为规范";          //定义常量
    void keepRight();                      //靠右行驶
}
//接口,描述交通灯行为规范
interface TrafficLightNorm{
    String name = "交通灯行为规范";
    void redLight();                       //红灯
}
class Car implements DriveBehaviorNorm,TrafficLightNorm{
    //实现接口方法:靠右行驶
    @Override
    public void keepRight() {
        System.out.println("汽车在机动车道靠右行驶");
    }
    //实现接口方法:等红灯
    @Override
    public void redLight() {
        System.out.println("红灯亮,汽车停止前进");
    }
}
class Bicycle implements DriveBehaviorNorm,TrafficLightNorm {
    //实现接口方法:靠右行驶
    @Override
    public void keepRight() {
        System.out.println("非机动车道靠右行驶");
    }
    //实现接口方法:等红灯
    @Override
    public void redLight() {
        System.out.println("红灯亮,自行车停止前进");
    }
}
public class TestInterface {
    public static void main(String[] args) {
        Car car = new Car();                        //创建 car 对象
        Bicycle bicycle = new Bicycle();            //创建 bicycle 对象
        car.keepRight();                            //汽车靠右行驶
        car.redLight();                             //红灯规则
        bicycle.keepRight();                        //自行车靠右骑行
        bicycle.redLight();                         //红灯规则
    }
}
```

程序运行结果如图 5.10 所示。

例 5.10 定义了 DriveBehaviorNorm 和 TrafficLightNorm 两个接口,分别用于表示驾驶行为规范和交通灯规范,同时被 Car 和 Bicycle 实现,表示 Car 和 Bicycle 都将遵守此规范。

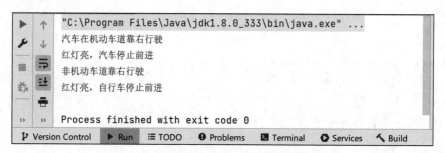

图 5.10 例 5.10 的运行结果

5.3.4 接口的继承

在 Java 中，接口可以多继承接口，以完成行为特征的延伸和扩展。例如在现实生活中，旧版交通灯行为特征可以被新版交通灯行为特征继承和扩展。接口继承和语法格式如下。

```
interface 接口名 extends 接口1,接口2...{
    静态常量;
    抽象方法;
}
```

接口继承的具体演示如例 5.11 所示。

【例 5.11】 接口的继承。

```
//旧版交通规则
interface OldTrafficLightNorm{
    void redLight();                      //红灯规则
}
//其他规则
interface OtherNorm{
    void other();
}
//新版交通规则
interface NewTrafficLightNorm extends OldTrafficLightNorm,OtherNorm{
    void newRedLight();                   //新红灯规则
}
class TrafficNorm implements NewTrafficLightNorm{
    @Override
    public void redLight() {              //实现 OldTrafficLightNorm 接口抽象方法
        System.out.println("原红灯规则");
    }
    @Override
    public void other() {                 //实现 OtherNorm 接口抽象方法
        System.out.println("其他规则");
    }
    @Override
    public void leftRedLight() {          //实现 NewTrafficLightNorm 接口抽象方法
        System.out.println("扩展:左转红灯规则");
```

```
        }
    }
public class TestInterface {
    public static void main(String[] args) {
        TrafficNorm trafficNorm = new TrafficNorm();
        trafficNorm.redLight();
        trafficNorm.leftRedLight();
        trafficNorm.other();
    }
}
```

程序运行结果如图 5.11 所示。

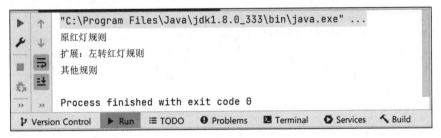

图 5.11　例 5.11 的运行结果

5.3.5　接口新特性

JDK 8 中对接口规范进行了新的定义，为了提升接口可扩展性，允许在接口中定义默认方法和静态方法。代码演示如例 5.12 所示。

【例 5.12】　使用接口新特性实现新版交通规则。

```
//旧版交通规则
interface OldTrafficLightNorm{
    void redLight();                        //红灯规则
    //默认方法
    default void explain(){
        System.out.println("说明:所有车辆及行人都需遵守交通规则");
    }
    //静态方法,不能被继承
    static int waitTime(){
        return 30;
    }
}
//新版交通规则
interface NewTrafficLightNorm extends OldTrafficLightNorm{
    void leftRedLight();                    //左转红灯规则
}
class TrafficNorm implements NewTrafficLightNorm{
    //重写接口默认方法
```

```java
        @Override
        public void explain() {
            System.out.println("重写默认方法");
        }
        //实现接口抽象方法
        @Override
        public void redLight() {                        //实现 OldTrafficLightNorm 接口抽象方法
            System.out.println("原红灯规则");
        }
        //实现接口抽象方法
        @Override
        public void leftRedLight() {                    //实现 NewTrafficLightNorm 接口抽象方法
            System.out.println("左转红灯规则");
        }
}
public class TestInterface {
    public static void main(String[] args) {
        TrafficNorm trafficNorm = new TrafficNorm();
        trafficNorm.redLight();              //调用抽象方法
        trafficNorm.leftRedLight();          //调用抽象方法
        trafficNorm.explain();               //重写接口默认方法
        int waitTime = OldTrafficLightNorm.waitTime();       //接口静态方法
        System.out.println("交通灯等待时间:"+waitTime + "秒");
    }
}
```

程序运行结果如图 5.12 所示。

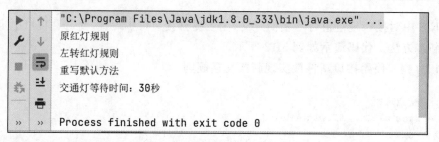

图 5.12　例 5.12 的运行结果

接口中使用 default 关键字定义默认方法，默认方法和静态方法有以下特征。
（1）默认方法可以被实现类继承和重写。
（2）静态方法不能被实现类继承。
（3）静态方法直接通过接口名称调用。

5.4　内　部　类

内部类是在一个类里面定义的类，是一种嵌套类，嵌套类所在的类称为外部类。在 Java 中,根据内部类的位置、修饰符和定义的方式可以分为成员内部类、静态内部类、方法内部类和匿名内部类共四种。

5.4.1 成员内部类

成员内部类是作为外部类的一个成员,跟外部类的属性和方法并列。成员内部类能直接访问外部类的属性或方法,但在外部类需要通过内部类的对象来访问内部类的属性或方法。在外部类以外访问内部类,则需要通过外部类对象去创建内部类对象,具体语法格式如下。

外部类名.内部类名 对象名 = new 外部类名().new 内部类名();

接下来演示成员内部类的用法,如例 5.13 所示。

【例 5.13】 成员内部类的用法。

```
//外部类
class Outer{
    private String name = "外部类属性";
    //内部类
    class Inner{
        private String name = "内部类属性";
        public void show(){
            //访问外部类私有成员变量
            //Outer.this 表示外部类对象
            System.out.println(Outer.this.name);
        }
    }
}
public class TestInnerClass {
    public static void main(String[] args) {
        //创建内部类对象
        Outer.Inner inner = new Outer().new Inner();
        inner.show();
    }
}
```

程序运行结果如图 5.13 所示。

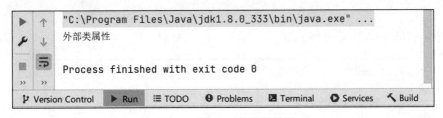

图 5.13 例 5.13 的运行结果

在例 5.13 中,在外部类 Outer 中定义了一个内部类 Inner,Inner 类中访问 Outer 类中的成员变量,先通过"Outer.this"获取外部类对象,再通过外部类对象调用外部类成员变量,内部类可以调用外部类私有成员变量。

另外，需要注意的是，成员内部类中不能定义静态变量、静态方法和静态内部类。

5.4.2 静态内部类

使用 static 关键字修饰的内部类称为静态内部类。静态内部类可以有静态变量、静态方法和静态内部类。在静态内部类中，可以直接访问外部类的静态成员。如果访问非静态成员，需要通过外部类对象进行访问。创建静态内部类对象的语法格式如下。

```
外部类名.内部类名 对象名 = new 外部类名.内部类名();
```

接下来演示静态内部类的用法，如例 5.14 所示。

【例 5.14】 静态内部类的用法。

```java
//外部类
class Outer{
    private static String name = "我是外部类";
    private int age = 23;
    //静态内部类
    static class Inner{
        private static int num;                //静态变量
        public void show(){
            //访问外部类静态变量
            System.out.println("外部类 name 属性:"+name);
            //访问外部类成员变量
            Outer outer = new Outer();
            System.out.println("外部类 age 属性:"+outer.age);
        }
    }
}
public class TestStaticInner {
    public static void main(String[] args) {
        //创建静态内部类对象
        Outer.Inner inner = new Outer.Inner();
        inner.show();
    }
}
```

程序运行结果如图 5.14 所示。

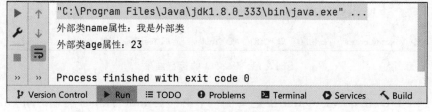

图 5.14 例 5.14 的运行结果

5.4.3 方法内部类

方法内部类是指在方法中定义的类，它与局部变量类似，作用域仅在方法内部。外部任何类都无法访问方法内部类，因此它只能在所属方法内部实例化。方法内部类不能有静态变量、静态方法和静态内部类。定义方法内部类如例 5.15 所示。

【例 5.15】 方法内部类的定义和使用。

```java
//外部类
class Outer{
    public String name="外部类";
    public void show(){
        //方法内部类
        class Inner{
            public String innerName = "方法内部类";
            public void print(){
                //方法内部类成员变量
                System.out.println("打印输出:"+innerName);
                //调用外部类成员变量
                System.out.println("外部类成员变量 name:"+name);
            }
        }
        //只能在方法内部进行方法内部类的实例化和使用
        Inner inner = new Inner();
        inner.print();
    }
}
public class TestMethodInnerClass {
    public static void main(String[] args) {
        Outer outer = new Outer();
        outer.show();
    }
}
```

程序运行结果如图 5.15 所示。

图 5.15 例 5.15 的运行结果

5.4.4 匿名内部类

匿名内部类是没有类名的内部类。定义匿名内部类的同时会创建该类的对象，如例 5.16 所示。

【例 5.16】 匿名内部类的定义和使用。

```java
//车辆接口
interface Vehicle{
    void drive();                              //抽象方法
}
public class TestAnonymousClass {
    public static void main(String[] args) {
        //创建了一个匿名内部类实现了接口Vehicle,且完成了匿名内部类的初始化
        Vehicle vehicle = new Vehicle() {
            @Override
            public void drive() {
                System.out.println("驾驶汽车");
            }
        };
        //匿名内部类对象调用方法
        vehicle.drive();
    }
}
```

程序运行结果如图 5.16 所示。

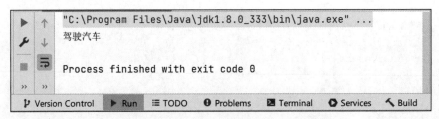

图 5.16 例 5.14 的运行结果

例 5.14 直接通过"new 接口名(){}"的方式完成了对象的创建。众所周知,接口是不能创建对象的,因此此处进行对象实例化的是匿名内部类。

本 章 小 结

(1) 继承属于面向对象三大特征之一,在程序升级迭代开发中,可以通过继承实现程序的扩展。

(2) 多态基于继承基础之上,子类对父类方法的重写,同一个方法但具有不同的实现。

(3) 面向对象程序设计以对象为最小操作单元,一切变量或方法需要通过对象调用。

(4) 接口是行为特征的抽象,如交通规则在 Java 中就使用接口来抽象。

(5) 抽象类是对具体类的抽象,如鱼类是一个抽象类,是对鲫鱼和鲢鱼等鱼类的抽象。

练 习 题

一、选择题

1. 关于构造方法,下列说法错误的是( )。
   A. 每个类中都有至少一个构造方法　　B. 一个类中可以有多个构造方法
   C. 构造方法可以有返回值　　　　　　D. 构造方法可以有多个参数

2. 阅读以下程序：

```
class Animal{}
class Dog extends Animal{}
class Cat extends Animal{}
public class TestAnimal{
    public static void main(String args[]){
        getAnimal();
    }
    public static Dog getAnimal(){①}
}
```

下列几个选项中,( )放在①位置能够编译通过？
   A. return "Dog";　　　　　　　　　　B. return new Animal();
   C. return new Dog();　　　　　　　　D. return new Cat();

3. 以下( )不属于面向对象三大特征。
   A. 继承　　　　B. 封装　　　　C. 跨平台　　　　D. 多态

二、填空题

1. 定义抽象类的关键字是_____,定义接口的关键字是_____。
2. 访问控制符有_____、_____、_____和_____。
3. final 修饰的类不能被_____,final 修饰的方法不能被_____,final 修饰的变量称为_____。

三、编程题

以面向对象设计思维,观察如下内容。
- 汽车(颜色、长度、最高时速、靠右行驶)。
- 红旗汽车(颜色、长度、最高时速、靠右行驶、型号、座位数)。
- 交通规则(靠右行驶)。

根据你的理解,分析以上内容采用类或抽象类或接口进行定义,同时考虑继承或实现关系。写出具体的代码。

第6章 异常与调试

本章学习目标

- 理解异常的概念。
- 理解异常的类型。
- 掌握异常处理方法。
- 掌握异常调试方法。
- 了解自定义异常。

在程序设计和运行的过程中，发生错误是不可避免的。尽管 Java 语言的设计从根本上提供了便于写出整洁、安全代码的方法，并且程序员也尽量地减少错误的产生，但是不可避免存在使程序被迫停止的错误。为此，Java 提供了异常处理机制来帮助程序员检查可能出现的错误，以保证程序的可读性和可维护性。

6.1 异常的概念

异常（exception）是指在程序运行过程中发生的异常事件，它中断了程序的正常执行，通常由外部因素导致。这就好比现实世界中正常行驶的车辆，因为路边突然窜出的小动物，导致急刹车致使车辆停止，这种因为外部因素导致车辆没有按照原定线路行驶的事件，就是异常。为了保证程序能正常执行，就需要对异常进行预判和处理。在 Java 中，异常是作为一个对象来处理的，产生异常也就是产生了一个异常对象，这符合面向对象的思想。

下面通过一个示例认识一下什么是异常。首先在 IDEA 中新建一个 chapter6 的 Java 项目，并且新建 test 包，然后在该包中新建 TestDivisionException 测试类，如例 6.1 所示。

【例 6.1】 创建 TestDivisionException 类认识什么是异常。

```java
public class TestDivisionException {
    static int division(int a, int b){
        int c = a/b;
        return c;
    }
    public static void main(String[] args) {
        int result = division(3, 0);
        System.out.println("除法运算结果为:"+result);
    }
}
```

程序运行结果如图 6.1 所示。

图 6.1　例 6.1 的运行结果

通过程序运行结果来看，程序发生了 ArithmeticException 异常，即算术异常。根据异常给出的错误提示"/ by zero"可知是在除法运算中，将 0 作为除数了。该异常出现之后，程序终止继续执行，这种程序事件就是异常。

6.2　异常的类型

在 Java 中所有异常类都是 java.lang.Throwable 类的子类。Throwable 派生了两个子类，分别是 Error 和 Exception 类。接下来详细介绍异常类的继承体系，如图 6.2 所示。

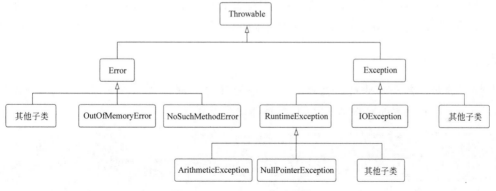

图 6.2　Throwable 类继承体系

（1）Error 类是 Throwable 的一个子类，代表系统内部错误，由 Java 虚拟机抛出。这类错误由系统进行处理，程序本身对其无能为力。例如，OutOfmemoryError 是内存溢出的错误，也就是硬件内存空间不足导致的系统错误。

（2）Exception 类是 Throwable 另一个重要的子类，其代表的异常是程序自身可以处理的异常。例如，例 6.1 中程序是可以避免 ArithmeticException 算术异常的，只需要在除法运算之前，判断除数是否为 0，不为 0 才能继续运算。

Exception 中的异常分为两类，一类是运行时异常，即 RuntimeException，主要是在 Java 虚拟机运行过程中抛出的异常在程序编写时不会强制要求进行异常处理；另一类是编译时异常，在程序编写阶段会被强制要求处理，否则会出现编译错误，如 IOException。

常见的运行时异常有 NullPointerException（空指针异常）、ClassCastException（类型转换异常）、IndexOutOfBoundsException（下标越界异常）、ArithmeticException（算术异常）

等，更多运行时异常可以查看官方 API 文档，官方文档给出了 RuntimeException 的所有子类，如图 6.3 所示。

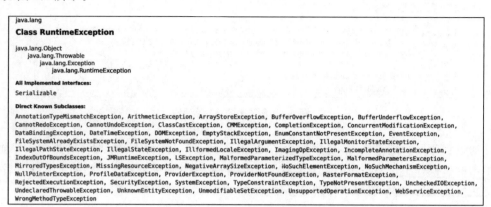

图 6.3 官方 API 文档

6.3 异常的处理

程序中出现异常是不可避免的，但为了保证程序正常运行，需要对异常进行处理。在 Java 中，异常处理分为异常捕获和异常抛出两种方式。

6.3.1 异常捕获

异常捕获是方法内部自行处理异常的一种异常处理方式。Java 提供了 try、catch 和 finally 三个部分组成的异常捕获结构，其具体语法格式如下。

```
try{
    程序代码 1
} catch(异常类型 1){
    程序代码 2
} catch(异常类型 2){
    程序代码 3
} finally{
    程序代码 4
}
```

(1) try 代码块的作用是捕获异常，其中的代码是可能出现异常的语句，如果发送异常，就会将异常捕获并传递给 catch 处理。

(2) catch 代码块的作用是处理异常，一个 try 代码块后面可以有多个 catch 代码块，不同的 catch 代码块处理不同的异常。如果捕获的异常没有匹配的 catch 进行处理，则会交给 finally 处理。

(3) finally 代码块是最终处理，不管程序是否发生异常都会执行的代码块。catch 语句和 finally 语句可以同时存在，也可以二者选其一。

【例 6.2】 使用异常捕获对例 6.1 中出现的异常进行捕获并处理。

```java
public class TestCatchDivisionException {
    static int division(int a,int b){
        int c = 0;
        try {
            c = a/b;
        }catch (ArithmeticException e){
            System.out.println("捕获到异常:"+e);
            c=-1;        //出现异常,给予 c 赋值-1
        }finally {
            System.out.println("最终处理");
        }

        return c;
    }
    public static void main(String[] args) {
        int result = division(3, 0);
        System.out.println("除法运算结果为:"+result);
    }
}
```

程序运行结果如图 6.4 所示。

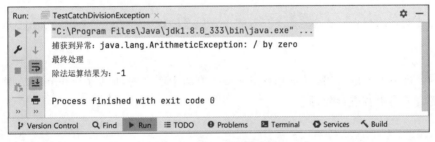

图 6.4 例 6.2 的运行结果

根据运行结果,程序没有因为异常而终止。异常经过 try 语句的捕获之后进入了 catch 语句中进行处理,catch 处理完毕之后执行了 finally 代码块。

6.3.2 异常抛出

当方法内部出现不能或不允许自行处理的异常,就可以将该异常转移给方法的调用者,这种异常的处理方式叫作异常抛出。异常抛出是通过 throws 关键字完成,具体语法格式如下。

```
返回值类型 方法名() throws 异常类 1,异常类 2,...,异常类 n{
    方法体;
}
```

throws 声明的方法表示此方法不处理异常,交给调用者处理,如例 6.3 所示。

【例 6.3】 使用 throws 关键字抛出异常。

```java
public class TestThrowsDivisionException {
    static int division(int a,int b) throws ArithmeticException{
        int c = a/b;
        return c;
    }
    public static void main(String[] args) {
        try {
            int result = division(3, 0);
            System.out.println("除法运算结果为:"+result);
        } catch (ArithmeticException e) {
            System.out.println("出现异常:"+e);
        }
    }
}
```

程序运行结果,如图 6.5 所示。

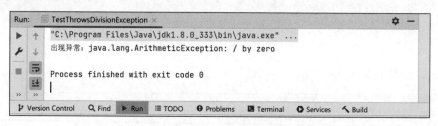

图 6.5 例 6.3 的运行结果

根据运行结果可以看出,异常是在 division 方法中产生的,但是在 main 方法中处理的,即异常交给了调用者进行处理。

6.4 异常的调试

异常调试是指借助开发工具进行异常定位与分析的一种方法。在实际开发中,绝大多数异常出现的原因较为复杂,借助异常调试工具能准确定位问题并处理问题。使用 IDEA 进行异常调试的步骤如下。

异常的调试.mp4

1. 设置断点

如果想看某行代码在运行时的数据状态,可以在此行设置断点。在 IDEA 的主窗口左侧,单击行号侧边栏,或按快捷键 Ctrl+F8 进行断点设置或取消,如图 6.6 所示。

如图 6.6 所示,在第 14 行和第 20 行分别设置了断点。

2. 启动 DEBUG 运行模式

DEBUG 运行模式下执行的程序代码,会暂停在设置了断点的位置。之后,可以将鼠标悬停在变量上,可以看到程序运行期间的变量数据,程序调试就是根据运行期间变量数据的

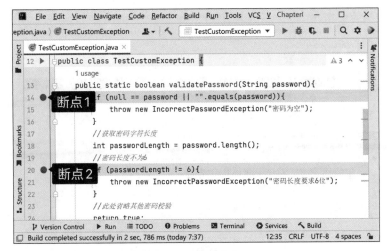

图 6.6 设置断点

变化情况来分析可能存在的问题。启动 DEBUG 模式具体步骤如下。

步骤 1 确认需要调试的类,如图 6.7 所示序号 1 处。

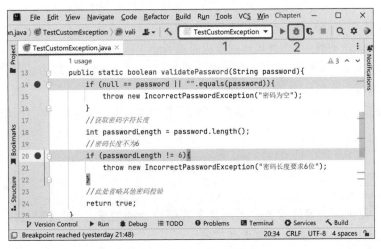

图 6.7 启动 DEBUG 模式

步骤 2 单击图 6.7 中序号 2 处的 DEBUG 按钮,之后程序会以 DEBUG 模式启动运行。并且程序运行会暂停在断点位置,如图 6.8 所示。

在图 6.8 中,程序运行暂停在第 14 行断点位置,并且 IDEA 界面的下方出现了 DEBUG 窗口。DEBUG 窗口的左侧显示程序正在执行的类和方法名,右侧是断点所在代码中的变量名和变量值。

3. 单步调试

在 DEBUG 窗口的工具栏中有五个用来控制代码执行的按钮,称为单步调试按钮,其用途详细说明如下。

(1) Step Over 按钮:单击此按钮或按快捷键 F8,执行下一行,遇到方法调用,不进入方法内部。

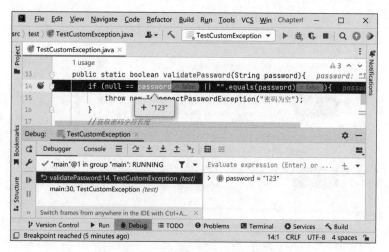

图 6.8　DEBUG 模式运行时

（2）Step Into 按钮 ：单击此按钮或按快捷键 F7，执行下一行，遇到方法调用，会进入方法内部，不包括 Java 内置方法。

（3）Force Step Into 按钮 ：单击此按钮或按快捷键 Alt＋Shift＋F7，执行下一步，遇到方法会强制进入，包括 Java 内置方法。

（4）Step Out 按钮 ：单击此按钮或按快捷键 Shift＋F8，跳出当前方法，回到方法调用处。

（5）Run to Cursor 按钮 ：单击此按钮或按快捷键 Alt＋F9，且光标停留在未执行的代码行，程序执行到光标所在行，并暂停。

在实际开发中，DEBUG 模式使用非常频繁，它是非常好的问题定位和问题分析方式。

6.5　自定义异常

如果 Java 提供的内置异常类型无法满足程序设计的需求，这时我们可以自定义异常。自定义异常是对内置异常类型的继承和扩展。

6.5.1　throw 关键字

默认情况下，所有的异常对象抛出都由 Java 虚拟机自动完成。但有时程序员希望自己动手实例化异常并抛出异常，那么就需要 throw 关键字来完成了。其语法格式如下。

```
throw new 异常类名();
```

接下来通过具体案例演示 throw 的用法，如例 6.4 所示。

【例 6.4】　通过 throw 关键抛出异常。

```
class UserService{
    public boolean login(String username,String password){
        System.out.println("登录判断");
```

```java
        //用户名判断
        if (null == username || "".equals(username)){
            throw new IllegalArgumentException("用户名不能为空");
        }
        //密码判断
        if (null == password || "".equals(password)){
            throw new IllegalArgumentException("密码不能为空");
        }
        //省略其他判断
        return true;
    }
}
public class TestThrow {
    public static void main(String[] args) {
        UserService userService = new UserService();
        try {
            boolean result = userService.login("zhangsan", "");
        } catch (IllegalArgumentException e) {
            System.out.println("登录失败,"+ e);
        }
    }
}
```

程序运行结果如图 6.9 所示。

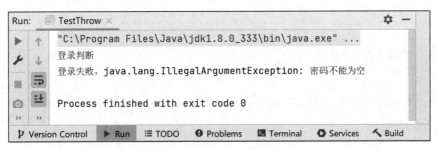

图 6.9 例 6.4 的运行结果

例 6.4 中对用户名和密码进行条件判断，当 username 或 password 为空时，通过 throw 关键字抛出 IllegalArgumentException 异常对象，在 main 方法中调用了 login 方法，并使用 try-catch 捕获该方法可能抛出的异常。

throw 和 throws 有如下区别。

（1）throws 是对方法可能出现的异常传递给其调用者。

（2）throw 是抛出一个具体的异常，执行 throw 则一定会抛出异常。

6.5.2 自定义异常的方法及实例

自定义异常通常是对 Exception 或 RuntimeException 类的继承和扩展，因此自定义异常需要继承 Exception 类或其子类，如果要自定义运行时异常，需要继承 RuntimeException 类或其子类。自定义异常的语法格式如下。

```
class 自定义异常类名 extends Exception{}
class 自定义异常类名 extends RuntimeException{}
```

自定义异常类名规范要以 Exception 结尾。接下来通过示例演示自定义异常具体使用，如例 6.5 所示。

【例 6.5】 自定义异常的使用。

```java
//自定义密码不正确异常，属于运行时异常通过继承 RuntimeException 实现
class IncorrectPasswordException extends RuntimeException{
    public IncorrectPasswordException() {
    }
    public IncorrectPasswordException(String message) {
        super(message);
    }
}
public class TestCustomException {
    public static boolean validatePassword(String password){
        if (null == password || "".equals(password)){
            throw new IncorrectPasswordException("密码为空");
        }
        //获取密码字符长度
        int passwordLength = password.length();
        //密码长度不为 6
        if (passwordLength != 6){
            throw new IncorrectPasswordException("密码长度要求 6 位");
        }
        //此处省略其他密码校验
        return true;
    }
    public static void main(String[] args) {
        try {
            //验证密码
            boolean result = validatePassword("123");
        } catch (IncorrectPasswordException e) {
            System.out.println(e);
        }
    }
}
```

程序运行结果如图 6.10 所示。

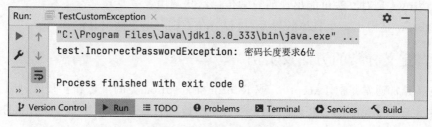

图 6.10　例 6.5 的运行结果

例 6.5 中自定义 IncorrectPasswordException 异常类继承自 RuntimeException，属于运行时异常。并在两处密码校验位置通过 throw 关键字抛出 IncorrectPasswordException 异常对象。根据结果显示，try-catch 捕获的正是自定义的 IncorrectPasswordException 异常类对象。

本 章 小 结

异常属于程序运行中不可避免的问题，因此，如何处理异常是编程设计中非常关键的内容。通常情况下，程序能自我解决或降级容错的异常可以使用捕获的方式进行处理；程序无法自我处理的异常可以使用抛出的方式进行异常处理，抛出异常仅表示当前方法无法处理，所以抛给上一级方法，如果上一级也无法解决，则再次向上抛出，直到解决为止。

程序运行中，有些异常是因为用户操作错误导致的，这种异常往往会一直向上抛出直至告知用户为止。例如，Wi-Fi 中断导致数据请求失败的异常需要告知用户，由用户来处理此类异常。

练 习 题

一、选择题
1. Java 用来自定义抛出异常的关键字是(　　)。
   A. try　　　　　B. switch　　　　C. throw　　　　D. throws
2. 关于异常，下列说法正确的是(　　)。
   A. 异常是一种对象　　　　　　　B. 异常只能被捕获
   C. 异常只能被抛出　　　　　　　D. 以上都不对
3. (　　)是所有异常类的父类。
   A. Error　　　　　　　　　　　　B. Exception
   C. Throwable　　　　　　　　　 D. RuntimeException

二、填空题
1. 捕获异常采用_____语句进行捕获。
2. Java 中实现 Throwable 的异常分为_____和_____两大类。
3. Exception 异常分为编译时异常和_____。
4. 声明异常抛出，使用_____关键字。
5. 自定义运行时异常通过继承_____实现。

三、程序题
有如下代码：

```
public class TestTryCatch{
    public static void main(String args[]){
        System.out.println( test() );
```

```
    }
    public static int test(){
        int n;
        try{
            n = 10/0;
        }catch(Exception e){
            n=-1;
        }finally{
            n=0;
        }
        return n;
    }
}
```

简述以上程序是否能正常运行,如果能,请给出运行结果;如果不能,请说明原因。

第 7 章　Java常用类库

本章学习目标

- 掌握 Object 类、包装类的使用。
- 掌握 String 类、StringBuffer 类和 StringBuilder 类的使用。
- 熟悉 Date 类、Calendar 类和 SimpleDateFormat 类的使用。
- 了解 Math 类和正则表达式的使用。

　　Java 为程序员提供了非常丰富的基础类库，通过使用这些基础类库可以极大地提高开发效率，降低开发难度。例如，在 Java 程序中有一个从键盘输入数据的需求，对于不了解底层硬件通信机制的人来说很难从零开始实现这样的功能，Java 的设计者也考虑到这个问题，Java 对大多数开发者都会涉及的一些通用功能进行了封装，程序员直接使用这些封装好的功能即可，而无须过多关注内部细节，而且不需要刻意背诵类库中一些常用类，而是经过多次使用后熟练掌握，对于不熟悉的类可现场查阅 Java API 文档。本章对 Java 基础类库中的常用类进行讲解。

7.1　Object 类

　　Object 类是一切 Java 类的父类，如果一个方法的形参设置为 Object 类型，则该方法在被调用时可以接收任何对象；如果一个方法的返回类型设置为 Object，则可以在该方法的方法体中返回任何对象，所以 Object 类型是一种非常抽象和通用的类型。

　　所有 Java 类都直接或间接地继承自 Object 类，因此任何 Java 对象都可以调用 Object 类中定义的方法。下面先来了解一下 Object 类中的常用方法，如表 7.1 所示。

表 7.1　Object 类中的常用方法

方　　法	说　　明
Object clone()	克隆对象，根据当前对象复制出一个对象
boolean equals(Object obj)	比较两个对象是否相等
void finalize()	对象被作为垃圾回收时，由垃圾回收器调用
Class getClass()	获取当前对象的类的字节码对象
int hashCode()	获取对象的哈希码
String toString()	获取对象的字符串表示

7.1.1 clone 方法

在实际开发中,值类型的数据可以直接使用等号(=)来实现赋值。但是对于引用类型的对象,等号(=)只能复制其内存地址,复制后产生了一个新的引用,并和原来的引用指向同一个对象,这个过程中并没有产生新的对象。clone 可以复制一个和原来对象相同的新对象,如例 7.1 所示。

【例 7.1】 clone 实现复制一个新对象。

```java
public class TestClone {
    public static void main(String[] args) throws CloneNotSupportedException {
        Student s1 = new Student("张三",'男',18);
        Student s2 = (Student) s1.clone();
        //两个对象展示的内容是一样的
        s1.showInfo();
        s2.showInfo();
        //地址不同说明是两个对象
        System.out.println(s1==s2);
    }
}
//Student 类需要实现 Cloneable 接口并重写 clone 方法
class Student implements Cloneable{
    String name;
    char gender;
    int age;
    public Student(String name, char gender, int age) {
        this.name = name;
        this.gender = gender;
        this.age = age;
    }
    //展示学生对象的信息
    public void showInfo(){
        System.out.println("姓名:" + this.name + ",性别:" + this.gender + ",年龄:" + this.age);
    }
    @Override
    protected Object clone() throws CloneNotSupportedException {
        //调用父类 Object 中的 clone 方法
        return super.clone();
    }
}
```

程序运行的结果如图 7.1 所示。

```
TestClone ×
"C:\Program Files\Java\jdk1.8.0_77\bin\java.exe" ...
姓名:张三,性别:男,年龄:18
姓名:张三,性别:男,年龄:18
false
```

图 7.1 例 7.1 的运行结果

7.1.2 equals 方法

开发中经常需要比较两个对象是否相等。对象属于引用类型，使用"=="比较的是两个对象的地址。有时希望比较的是对象内容是否相等，或者说希望判断两个对象的属性是否相等，这就要用到 equals 方法了，如例 7.2 所示。

【例 7.2】 比较两个员工对象。

```java
public class TestEquals {
    public static void main(String[] args) {
        Employee e1 = new Employee("e101","张三",25);
        Employee e2 = new Employee("e101","张三",25);
        System.out.println("两个员工对象比较的结果:" + (e1==e2));
    }
}
class Employee{
    //员工编号
    String empNo;
    //员工姓名
    String name;
    //员工年龄
    int age;
    //无参构造方法
    public Employee() {
    }
    //全参构造方法
    public Employee(String empNo, String name, int age) {
        this.empNo = empNo;
        this.name = name;
        this.age = age;
    }
}
```

程序运行的结果如图 7.2 所示。

```
TestEquals ×
"C:\Program Files\Java\jdk1.8.0_77\bin\java.exe" ...
两个员工对象比较的结果:false
```

图 7.2 例 7.2 的运行结果

例 7.2 中两个员工对象的属性值完全相等，因为 new 了两次在内存中是两个不同的对象，可以通过 equals 方法来比较它们的内容是否相等，Object 中 equals 方法的实现如下所示。

```java
public boolean equals(Object obj) {
    return (this == obj);
}
```

Object 对 equals 方法的实现还是比较两个对象的地址，因此在子类没有重写 equals 方法的情况下调用 equals 方法比较的结果和"=="运算符是一样的,如例 7.3 所示。

【例 7.3】

```java
public class TestEquals {
    public static void main(String[] args) {
        Employee e1 = new Employee("e101","张三",25);
        Employee e2 = new Employee("e101","张三",25);
        //System.out.println("两个员工对象比较的结果:" + (e1==e2));
        System.out.println("两个对象equals比较的结果:" +  e1.equals(e2));
    }
}
```

程序运行结果如图 7.3 所示。

```
TestEquals
"C:\Program Files\Java\jdk1.8.0_77\bin\java.exe" ...
两个对象equals比较的结果:false
```

图 7.3　例 7.3 的运行结果

可以在子类 Employee 中重写 equals 方法覆盖父类的实现重新规定两个员工相等比较的规则,按照员工对象的属性进行对象是否相等的比较,如例 7.4 所示。

【例 7.4】　使用 equals 方法实现两个对象的比较。

```java
package test;
import java.util.Objects;
public class TestEquals {
    public static void main(String[] args) {
        Employee e1 = new Employee("e101","张三",25);
        Employee e2 = new Employee("e101","张三",25);
        System.out.println("两个对象equals比较的结果:" +  e1.equals(e2));
    }
}
class Employee{
    //员工编号
    String empNo;
    //员工姓名
    String name;
    //员工年龄
    int age;
    //无参构造方法
    public Employee() {
    }
    //全参构造方法
    public Employee(String empNo, String name, int age) {
        this.empNo = empNo;
        this.name = name;
        this.age = age;
    }
```

```java
@Override
public boolean equals(Object o) {
    //如果对象==结果为 true 表示同一个对象,equals 结果也一定为 true
    if (this == o) return true;
    //如果比较对象 o 为空或者二者的类型不同,则返回 false 不相等
    if (o == null || getClass() != o.getClass()) return false;
    //将参数 o 向下强制转换为 Employee 类型
    Employee employee = (Employee) o;
    //只有两个对象的所有属性值都相等才表示两个对象相等
    return age == employee.age && Objects.equals(empNo, employee.empNo) &&
        Objects.equals(name, employee.name);
    }
}
```

程序运行的结果如图 7.4 所示。

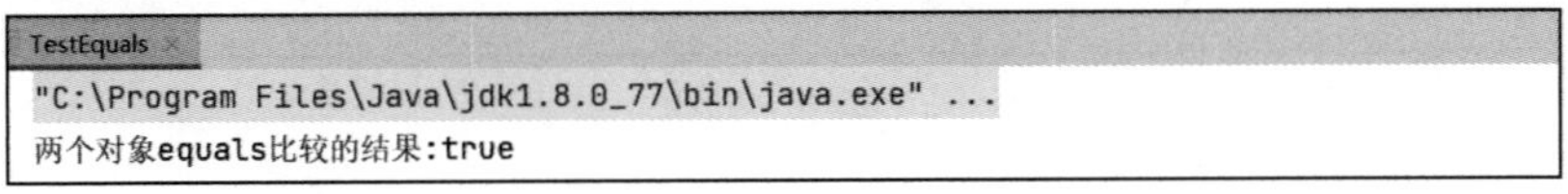

```
TestEquals
"C:\Program Files\Java\jdk1.8.0_77\bin\java.exe" ...
两个对象equals比较的结果:true
```

图 7.4　例 7.4 的运行结果

7.1.3　finalize 方法

当一个对象不再被引用时,GC(garbage collection,垃圾回收)会销毁该对象并回收对象所占的内存空间。GC 在销毁对象之前会调用对象的 finalize 方法,一般可以在方法中进行一些相关资源的释放,类似于公司的离职员工在离开公司之前需要让他做最后的交接一样。当然大部分对象在被销毁之前可能什么都不需要做,因此 Object 类默认对这个方法做的是一个空实现,如下所示。

```
protected void finalize() throws Throwable { }
```

子类可以根据实际的业务需求进行 finalize 方法的重写,如例 7.4 所示。

【例 7.5】　无用对象被回收。

```
package test;
public class TestFinalize {
    public static void main(String[] args) {
        Car car = new Car("宝马",500000);
        car = null;        //创建的 Car 对象将不再被引用,但是对象可能不会马上被 GC 回收
        System.gc();       //显性的调用 GC 进行对象回收
    }
}
class Car{
    //汽车品牌
    String brand;
    //汽车价格
    int price;
```

```
    public Car(String brand, int price) {
        this.brand = brand;
        this.price = price;
    }
    //覆盖父类的 finalize 方法
    @Override
    protected void finalize() throws Throwable {
        System.out.println("轿车即将被销毁...");
    }
}
```

程序的执行结果如图 7.5 所示。

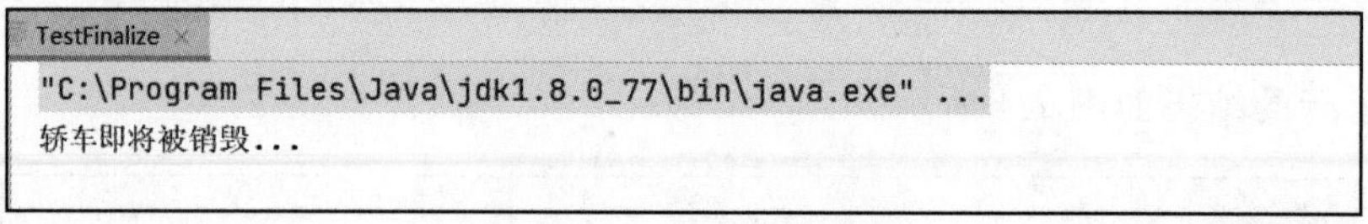

```
TestFinalize ×
"C:\Program Files\Java\jdk1.8.0_77\bin\java.exe" ...
轿车即将被销毁...
```

图 7.5　例 7.5 的运行结果

7.1.4　getClass 方法

getClass 方法是用来获取对象的类信息，Object 类对该方法做了最终的本地实现，不允许子类重写，如下所示。

```
public final native Class<?> getClass();
```

getClass 方法被调用后，返回一个 Class 类型的对象表示当前对象的实际类型信息，该对象也称为类的字节码对象，可以通过字节码对象来获取类的一些信息，如类的名称、所在的包、定义了哪些属性和方法等，如例 7.6 所示。

【例 7.6】　通过 class 对象获取类信息。

```
package test;
public class TestGetClass {
    public static void main(String[] args) {
        Person person = new Person();
        //获取 Person 类的字节码对象
        Class<? extends Person> clazz = person.getClass();
        //从字节码对象中获取类的名称
        String name = clazz.getName();
        System.out.println("类名:" + name);
        //从字节码对象中获取类所在的包的信息
        Package pack = clazz.getPackage();
        System.out.println("包名:" + pack.getName());
    }
}
class Person{
    String name;
```

```
        int age;
}
```

程序运行的结果如图 7.6 所示。

```
TestGetClass
"C:\Program Files\Java\jdk1.8.0_77\bin\java.exe" ...
类名:test.Person
包名:test
```

图 7.6　例 7.6 的运行结果

7.1.5　hashCode 方法

hashCode 方法是用来获取当前对象的哈希码，也是作为对象的标识，主要用来决定对象存储在哈希表中的位置，暂时只需要了解一下即可，后面的课程中涉及具体的应用时再展开说明，Object 对该方法做了默认的实现，返回的对象哈希码结果与对象的内存地址相关，如例 7.7 所示。

【例 7.7】　不同对象的 hashCode 值比较。

```
package test;
public class TestHashCode {
    public static void main(String[] args) {
        //创建两只猫对象
        Cat cat1 = new Cat("小花");
        Cat cat2 = new Cat("小黑");
        //获取 cat1 的哈希码
        int h1 = cat1.hashCode();
        //获取 cat2 的哈希码
        int h2 = cat2.hashCode();
        System.out.println("h1 = " + h1);
        System.out.println("h2 = " + h2);
    }
}
class Cat{
    String name;
    public Cat(String name) {
        this.name = name;
    }
}
```

程序运行的结果如图 7.7 所示。

```
TestHashCode
"C:\Program Files\Java\jdk1.8.0_77\bin\java.exe" ...
h1 = 1163157884
h2 = 1956725890
```

图 7.7　例 7.7 的运行结果

7.1.6 toString 方法

toString 方法用来获取对象字符串形式，Object 类对该方法做了默认的实现，如下所示。

```java
public String toString() {
    return getClass().getName() + "@" + Integer.toHexString(hashCode());
}
```

输出一个对象时，默认就是输出该对象 toString 方法的返回值，如例 7.8 所示。

【例 7.8】 toString 方法的使用演示。

```java
package test;
public class TestToString {
    public static void main(String[] args) {
        Teacher teacher = new Teacher("李四", 37, 8500);
        //打印输出 teacher 对象
        System.out.println("=========重写前的对象打印结果===========");
        System.out.println(teacher);
        System.out.println(teacher.toString());
    }
}
class Teacher{
    String name;
    int age;
    double salary;
    public Teacher(String name, int age, double salary) {
        this.name = name;
        this.age = age;
        this.salary = salary;
    }
}
```

程序执行结果如图 7.8 所示。

```
TestToString ×
"C:\Program Files\Java\jdk1.8.0_77\bin\java.exe" ...
=========重写前的输出结果===========
test.Teacher@4554617c
test.Teacher@4554617c
```

图 7.8 例 7.8 的运行结果

在实际开发和测试中，如果希望输出对象时能输出对象的内容，那么就需要在子类中对 toString 方法进行重写，如例 7.9 所示。

【例 7.9】 重写 toString 方法。

```java
package test;
public class TestToString2 {
```

```
        public static void main(String[] args) {
            Teacher teacher = new Teacher("李四",37,8500);
            //输出 teacher 对象
            System.out.println("=========重写后的输出结果===========");
            System.out.println(teacher);
            System.out.println(teacher.toString());
        }
    }
    class Teacher{
        String name;
        int age;
        double salary;
        public Teacher(String name, int age, double salary) {
            this.name = name;
            this.age = age;
            this.salary = salary;
        }
        //重写父类的 toString 方法,返回对象的各个属性值
        @Override
        public String toString() {
            return "Teacher{" +
                    "name='" + name + '\'' +
                    ", age=" + age +
                    ", salary=" + salary +
                    '}';
        }
    }
```

程序运行结果如图 7.9 所示。

```
TestToString2 ×
"C:\Program Files\Java\jdk1.8.0_77\bin\java.exe" ...
=========重写后的输出结果===========
Teacher{name='李四', age=37, salary=8500.0}
Teacher{name='李四', age=37, salary=8500.0}
```

图 7.9　例 7.9 的运行结果

7.2　基本类型的包装类

7.2.1　包装类的概念

在 Java 中一切皆对象,但是八种基本数据类型(也称为值类型)却不属于对象的范畴,也就是说 Java 中的数据类型并没有实现真正的统一。这在实际使用时会存在非常多的不便,例如,很多方法在调用时都需要传入引用类型的对象,不能接收值类型的数据;Java 中提供了一些现成的批量数据存储容器,这些容器在设计时也只能存储对象无法存储基本类型的

包装类.mp4

数据。为了解决这个问题，JDK 提供了一系列的包装类型，可以将基本数据类型的值包装成引用数据类型的对象。所有基本类型的包装类如表 7.2 所示。

表 7.2 基本类型对应的包装类

基 本 类 型	包 装 类	基 本 类 型	包 装 类
byte	Byte	float	Float
short	Short	double	Double
int	Integer	char	Character
long	Long	boolean	Boolean

表 7.2 中列举了每种基本类型对应的包装类，包装类的意义在于实现基本类型数据和对象之间的相互转换。这就涉及两个概念——装箱和拆箱，装箱是指将基本数据类型的数据转成包装类型的对象，拆箱是指将包装的对象转成基本的值类型数据。接下来以 int 类型对应的包装类 Integer 为例学习装箱和拆箱的具体过程。

7.2.2 装箱操作

装箱操作有两种方式。

第一种方式是调用 Integer 类的构造方法，如表 7.3 所示。

表 7.3 Integer 类的构造方法

构造方法声明	功 能 说 明
public Integer(int value)	根据传入的 int 值构造一个 Integer 对象

第二种方式是调用 Integer 类的静态方法 valueOf，如表 7.4 所示。

表 7.4 Integer 类的静态方法 valueOf

方 法 声 明	功 能 说 明
public static Integer valueOf(int i)	根据传入的 int 值返回一个 Integer 对象

以上两种方式都可以将传入的 int 类型的数据包装成 Integer 类型的对象，但是存在一些区别。valueOf 方法会对传入的 int 值进行范围的判断，如果包装的整数值为-128~127，则直接返回提前创建好的 Integer 对象；否则还是通过 new 的方式创建一个新对象，也就是说-128~127 的整数无论包装多少次都是共享同一个对象，这样做不仅节省了内存空间，同时还避免了频繁的对象创建从而提升程序执行的效率，valueOf 方法源码如下所示。

```
public static Integer valueOf(int i) {
    //如果 i 的值在-128~127
    if (i >= IntegerCache.low && i <= IntegerCache.high)
        //直接返回数组中提前缓存的 Integer 对象
        return IntegerCache.cache[i + (-IntegerCache.low)];
    //否则返回一个新创建的 Integer 对象
    return new Integer(i);
}
```

下面通过一个示例来演示一个两种装箱方式及二者之间的区别,如例 7.10 所示。

【例 7.10】 以 Integer 为例演示装箱操作。

```java
package test;
/*
    以 Integer 为例演示装箱操作
 */
public class TestWrap {
    public static void main(String[] args) {
        int i1 = 10;
        //第一种装箱方式
        Integer in1 = new Integer(i1);
        //第一种装箱方式
        Integer in2 = new Integer(i1);
        //每次都是创建新的对象,通过==判断的结果为 false
        System.out.println(in1==in2);
        //第二种装箱方式
        Integer in3 = Integer.valueOf(i1);
        //第二种装箱方式
        Integer in4 = Integer.valueOf(i1);
        //i1 的值在-128~127,通过 valueOf 两次装箱得到的是同一个对象,通过==判断的结
            果为 true
        System.out.println(in3==in4);

        int i2 = 130;
        //第二种装箱方式
        Integer in5 = Integer.valueOf(i2);
        //第二种装箱方式
        Integer in6 = Integer.valueOf(i2);
        //i2 的值不在-128~127,通过 valueOf 装箱每次都是创建新的对象,通过==判断的结
            果为 false
        System.out.println(in5==in6);
    }
}
```

程序的运行结果如图 7.10 所示。

```
TestWrap
"C:\Program Files\Java\jdk1.8.0_77\bin\java.exe" ...
false
true
false
```

图 7.10 例 7.10 的运行结果

7.2.3 拆箱操作

拆箱是为了从装箱好的对象中获取里面包装的值进行运算和使用,可以调用 Integer 对象的 intValue 方法实现拆箱的操作,intValue 方法的声明如表 7.5 所示。

表 7.5　Integer 类的 intValue 方法

方 法 声 明	功 能 说 明
int intValue()	返回 Integer 对象中所包装的 int 类型值

下面通过一个示例来演示 Integer 的拆箱过程，如例 7.11 所示。

【例 7.11】 以 Integer 为例演示拆箱操作。

```
package test;
/*
    以 Integer 为例演示拆箱操作
 */
public class TestUnWrap {
    public static void main(String[] args) {
        Integer in = new Integer(10);
        //调用对象的 intValue 方法，从 Integer 的对象 in 中拆出值 10 并参与后期的运算
        int i = in.intValue();
        System.out.println(i * 2);
    }
}
```

程序的运行结果如图 7.11 所示。

```
TestUnWrap ×
"C:\Program Files\Java\jdk1.8.0_77\bin\java.exe" ...
20
```

图 7.11　例 7.11 的运行结果

7.2.4　JDK 5.0 新特性——自动装箱和拆箱

JDK 5.0 提供了自动装箱和拆箱机制，用来完成基本类型与包装类对象的自动相互转换，简化程序的编写，从而提高开发效率。接下来通过一个示例演示自动装箱和拆箱的使用，如例 7.12 所示。

【例 7.12】 以 Integer 为例演示自动装箱和拆箱。

```
package test;
/*
    测试自动装箱拆箱操作
 */
public class TestAutomatic {
    public static void main(String[] args) {
        Integer in1 = 10;                          //自动装箱
        Integer in2 = 10;                          //再次对同一个值自动装箱
        System.out.println(in1);
        System.out.println(in2);
        //比较 in1 和 in2 是否为同一个对象
        System.out.println(in1==in2);
```

```
            int i = in1;                           //自动拆箱
            i++;
            System.out.println(i);
        }
    }
```

程序运行的结果如图 7.12 所示。

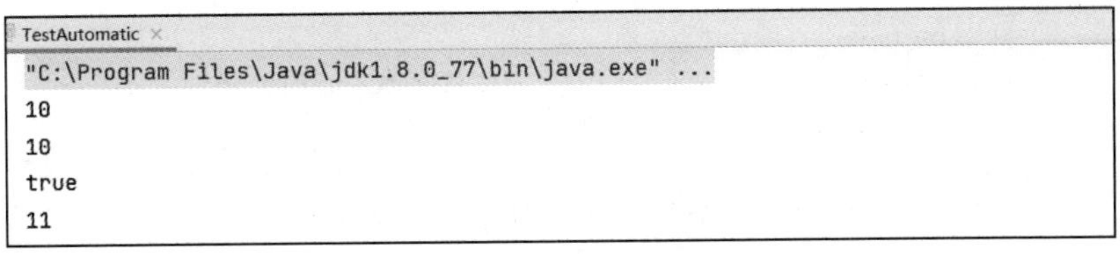

```
TestAutomatic ×
"C:\Program Files\Java\jdk1.8.0_77\bin\java.exe" ...
10
10
true
11
```

图 7.12　例 7.12 的运行结果

通过例 7.12 发现两次自动装箱的对象 in1 和 in2 是同一个对象，说明自动装箱机制采取的是调用 Integer 类的 valueOf 静态方法。

7.3　Scanner 类

前面讲到的需要给变量存储数据都是由开发人员直接进行赋值的，但是实际应用中，变量的值更多是由软件的使用者也就是用户输入来确定的。例如，系统登录程序中要验证的账号和密码是由当前登录者来输入的。JDK 5.0 之后，Java 基础类库提供了一个 Scanner 类，它位于 java.util 包中，可以很方便地获取用户从键盘输入的数据。

Scanner 类是一个基于正则表达式的文本扫描器，有多个构造方法，不同的构造方法可以接收不同的数据源。Scanner 类的构造方法如表 7.6 所示。

表 7.6　Scanner 类的构造方法

构造方法声明	功 能 描 述
public Scanner(File source)	创建一个 Scanner 对象并从指定的文件中扫描
public Scanner(InputStream source)	创建一个 Scanner 对象并从指定的输入流中扫描
public Scanner(String source)	创建一个 Scanner 对象并从指定的字符串中扫描

表 7.6 列举了 Scanner 类常用的构造方法，构造出 Scanner 对象并指定具体的数据来源后，主要调用对象的两个方法 hasNextXxx() 和 nextXxx() 来扫描输入的信息。

hasNextXxx() 判断是否还有下一个输入项，其中 Xxx 代表不同的数据类型，如果判断是否包含下一个字符串，则无须指定类型直接使用 hasNext()。NextXxx() 可以获取下一个输入项，Xxx 的含义与 hasNextXxx() 中的 Xxx 相同。

接下来通过一个示例来演示 Scanner 类的使用，如例 7.13 所示。

【例 7.13】　Scanner 类的使用。

```
package test;
```

```java
import java.util.Scanner;
public class TestScanner {
    public static void main(String[] args) {
        //参数 System.in 表示标准的输入流，就是指定从键盘输入
        Scanner input = new Scanner(System.in);
        System.out.println("请输入学员姓名,当输入的内容为 quit 时结束程序.");
        //判断是否还有下一项输入
        while(input.hasNext()){
            String name = input.next();
            if(name.equals("quit")){       //判断输入的内容是否为 quit
                break;
            }
            System.out.println("输入的内容为:" +  name);
        }
        input.close();                      //关闭释放资源
    }
}
```

程序运行的结果如图 7.13 所示。

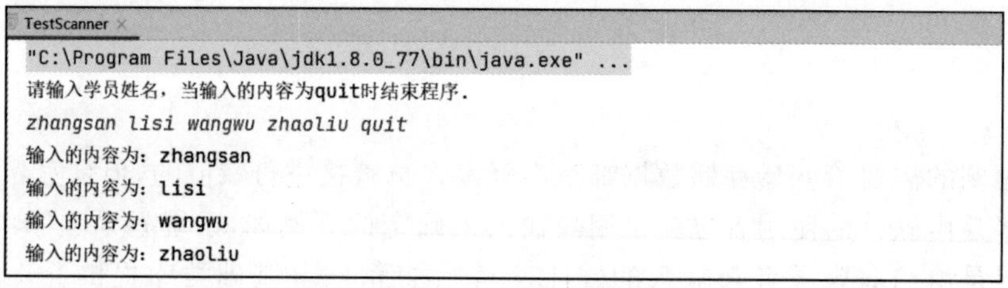

图 7.13　例 7.13 的运行结果

7.4　Math 类

Math 类位于 java.lang 包中，提供了很多用于数学运算的静态方法，例如，求平方根、随机数、三角运算、指数运算等。同时 Math 类中还提供了一些常量，如 PI(圆周率)。Math 类的构造方法是私有的，因此它不能被实例化，另外，Math 类被 final 关键字修饰了，因此不能被其他类继承和扩展。Math 类的常用方法如表 7.7 所示。

表 7.7　Math 类的常用方法

方法声明	功能描述
static int abs(int a)	返回绝对值
static double ceil(double a)	返回大于或等于指定参数的最小整数
static double floor(double a)	返回小于或等于指定参数的最大整数
static int max(int a, int b)	返回两个参数的最大值
static int min(int a, int b)	返回两个参数的最小值

续表

方 法 声 明	功 能 描 述
static double random()	返回≥0.0 且<1.0 的 double 类型随机数
static long round(double a)	返回指定参数四舍五入后的整数值
static double sqrt(double a)	求几何平方根
static double pow(double a,double b)	幂运算

接下来用一个案例演示 Math 类的使用,如例 7.14 所示。

【例 7.14】 Math 类的使用。

```java
package test;
public class TestMath {
    public static void main(String[] args) {
        System.out.println("-5 的绝对值是:" + Math.abs(-5));
        System.out.println("大于 3.8 的最小整数是:" + Math.ceil(3.8));
        System.out.println("小于 3.8 的最大整数是:" + Math.floor(3.8));
        System.out.println("5 和 8 的最大值是:" + Math.max(5,8));
        System.out.println("5 和 8 的最小值是:" + Math.min(5,8));
        for (int i = 0; i < 3; i++) {
            System.out.println("随机产生一个 0~1 之间的小数为:" + Math.random());
        }
        System.out.println("对 5.8 四舍五入后取整的结果是:" + Math.round(5.8));
        System.out.println("49 的几何平方根是:" + Math.sqrt(49));
        System.out.println("2 的 3 次方是:" + Math.pow(2,3));
    }
}
```

程序运行的结果如图 7.14 所示。

```
TestMath ×
"C:\Program Files\Java\jdk1.8.0_77\bin\java.exe" ...
-5的绝对值是:5
大于3.8的最小整数是:4.0
小于3.8的最大整数是:3.0
5和8的最大值是:8
5和8的最小值是:5
随机产生一个0~1之间的小数为:0.8586809768112058
随机产生一个0~1之间的小数为:0.7923294207980941
随机产生一个0~1之间的小数为:0.5284772473865155
对5.8四舍五入后取整的结果是:6
49的几何平方根是:7.0
2的3次方是:8.0
```

图 7.14 例 7.14 的运行结果

7.5 字符串操作类

程序开发中经常会用到字符串,Java 中定义了 String、StringBuffer、StringBuilder 三个类来封装字符串,并提供了一系列操作字符串的方法,

字符串操作类.mp4

下面将分别介绍它们的使用方法。

7.5.1 String 类介绍

String 类表示不可变的字符串,一旦 String 类的对象被创建,该对象中的字符序列将不可改变。

在 Java 中,字符串被大量使用,为了避免同一个字符串每次创建时进行频繁的内存分配,JVM 底层对字符串对象的创建进行了一定的优化,用一块专门的内存区域存储字符串常量,这个区域被称为常量池。String 类提供了很多构造方式进行字符串对象的创建,下面演示一下 String 类的两种初始化方式。

1. 通过直接赋值

使用直接赋值的方式将字符串常量赋值给 String 类型的变量,这个过程中 JVM 首先会在常量池中查找该字符串,如果找到,则返回它的引用,否则,则在常量池中创建该字符串对象并返回引用。这样就可以实现同一个字符串常量在整个应用程序中的共享,而共享的前提是字符串不能被改变,因为如果一个用户修改了字符串的内容必然会影响其他用户对该字符串的引用,具体操作如例 7.15 所示。

【例 7.15】 通过直接赋值实现字符串的初始化。

```
package test;
public class TestStringInit1 {
    public static void main(String[] args) {
        String s1 = "hello";
        String s2 = "hello";
        System.out.println("s1 和 s2 是否为同一个对象:" + s1 == s2);
    }
}
```

程序的运行结果如图 7.15 所示。

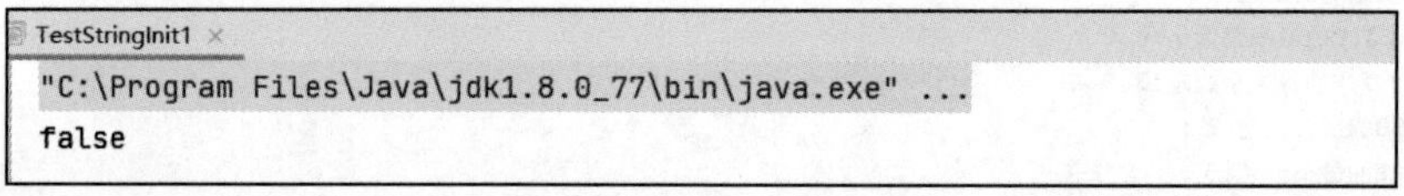

```
TestStringInit1 ×
"C:\Program Files\Java\jdk1.8.0_77\bin\java.exe" ...
false
```

图 7.15 例 7.15 的运行结果

2. 使用构造方法初始化

String 类中提供了非常丰富的构造方法来满足不同的开发需求,常用构造方法如表 7.8 所示。

表 7.8 String 类的常用构造方法

构造方法声明	功 能 描 述
public String()	创建一个空字符串对象
public String(byte[] bytes)	通过字节数组的内容构造一个字符串对象
public String(char[] value)	通过字符数组的内容构造一个字符串对象
public String(String original)	以一个源字符串来构造一个新的字符串对象

接下来通过一个示例演示上述构造方法的使用,如例 7.16 所示。

【例 7.16】 String 类构造方法的初始化。

```java
package test;
public class TestStringInit2 {
    public static void main(String[] args) {
        //1.创建一个空串
        String s1 = new String();
        //2.通过传入的字节数组构造一个字符串
        //这三个整数分别代表字符 a、b、c
        byte[] bytes = new byte[]{97,98,99};
        String s2 = new String(bytes);
        //3.通过传入的字符数组构造一个字符串
        char[] chars = new char[]{'a','b','c'};
        String s3 = new String(chars);
        //4.通过指定的源字符串来构造字符串对象
        String s4= new String("helloworld");
        System.out.println(s1);
        System.out.println(s2);
        System.out.println(s3);
        System.out.println(s4);
    }
}
```

程序的运行结果如图 7.16 所示。

```
TestStringInit2 ×
"C:\Program Files\Java\jdk1.8.0_77\bin\java.exe" ...

abc
abc
helloworld
```

图 7.16 例 7.16 的运行结果

7.5.2 String 类的常用操作

前面讲了 String 类的初始化,在实际开发中经常需要对初始化的字符串对象按照业务需求进行一些处理,String 类中封装了很多的字符串常用操作方法,其常用方法如表 7.9 所示。

表 7.9 String 类的常用方法

方 法 声 明	功 能 描 述
public int length()	返回字符串的长度
char charAt(int index)	返回指定索引处的字符
boolean contains(CharSequence s)	判断字符串中是否包含指定的字符序列
public int compareTo(String anotherString)	比较两个字符串的大小
public boolean equals(Object anObject)	判断两个字符串是否相等

续表

方法声明	功能描述
public boolean equalsIgnoreCase(String anotherString)	以忽略大小写的方式比较两个字符串是否相等
public byte[] getBytes()	返回一个字符串的字节数组形式
public int indexOf(int ch)	返回指定字符在字符串中第一次出现的索引
public int indexOf(String str)	返回指定的子字符串在当前字符串中第一次出现的索引
public boolean isEmpty()	判断此字符串是否为空串
public String replace(CharSequence target, CharSequence replacement)	返回将字符串中指定的字符序列替换成另一个字符序列后的结果
public String[] split(String regex)	根据给定的正则表达式拆分字符串
public boolean startsWith(String prefix)	判断字符串是否以指定的字符串开头
public String substring(int beginIndex)	从指定的索引开始截取字符串
public String substring(int beginIndex, int endIndex)	根据给定的开始索引和结束索引截取字符串的部分内容
public String toLowerCase()	将字符串中所有的字母字符转小写
public String toUpperCase()	将字符串中所有的字母字符转大写
public String trim()	去除字符串两端的空格

接下来通过示例进行上述方法的演示。

【例 7.17】 String 常用方法之 charAt 方法演示。

```
package test.str;
public class TestStringMethodDemo1{
    public static void main(String[] args) {
        String str = "helloworld";
        //获取字符串的长度
        int len = str.length();
        //统计字母 o 出现的次数
        int count = 0;
        for (int i = 0; i < len; i++) {
            char c = str.charAt(i);
            if(c == 'o'){
                count++;
            }
        }
        System.out.println("字母o出现的次数:" + count);
    }
}
```

程序运行的结果如图 7.17 所示。

```
TestCharAt ×
"C:\Program Files\Java\jdk1.8.0_77\bin\java.exe" ...
字母o出现的次数:2
```

图 7.17 例 7.17 的运行结果

【例 7.18】 contains 方法和 indexOf 方法演示。

```java
package test.str;
public class TestStringMethodDemo2 {
    public static void main(String[] args) {
        String str = "helloworld";
        //判断字符串中是否包含 hello
        System.out.println(str.contains("hello"));
        //获取字符 o 第一次出现的索引
        System.out.println(str.indexOf('o'));
        //获取子串 world 的索引位置
        System.out.println(str.indexOf("world"));
    }
}
```

程序运行的结果如图 7.18 所示。

```
TestStringMethodDemo2 ×
"C:\Program Files\Java\jdk1.8.0_77\bin\java.exe" ...
true
4
5
```

图 7.18　例 7.18 的运行结果

【例 7.19】 equals 方法和 compareTo 方法的演示。

```java
package test.str;
public class TestStringMethodDemo3 {
    public static void main(String[] args) {
        //比较两个字符串是否相等
        System.out.println("hello".equals("heLLo"));
        //以忽略大小写的方式比较两个字符串是否相等
        System.out.println("hello".equalsIgnoreCase("heLLo"));
        //比较两个字符串的大小
        //比较规则:依次进行每个字符的比较,如果前面比出结果,后面的字符就不再比较了
        //如果 s1 大于 s2 返回一个正数,如果 s1 小于 s2 返回一个负数
        //如果 s1 等于 s2 返回 0
        String s1 = "abc",s2 = "def";
        System.out.println("abc".compareTo("def"));
    }
}
```

程序运行的结果如图 7.19 所示。

```
TestStringMethodDemo3 ×
"C:\Program Files\Java\jdk1.8.0_77\bin\java.exe" ...
false
true
-3
```

图 7.19　例 7.19 的运行结果

【例 7.20】 大小写转换和字符串替换方法的演示。

```java
package test.str;
public class TestStringMethodDemo4 {
    public static void main(String[] args) {
        String s1 = "hello";
        //输出字符串的长度
        System.out.println(s1.length());
        //字符串转小写
        System.out.println("ABC".toLowerCase());
        //字符串转大写
        System.out.println("abc".toUpperCase());
        //字符串替换。替换后返回一个新字符串
        String s2 = "今天我要去玩";
        System.out.println(s2.replace("去玩","学习"));
        //去除字符串两端的空格
        System.out.println("   abc   ".trim());
        //获取字符串的字节数组形式
        byte[] bytes = "abc".getBytes();
        for (int i = 0; i < bytes.length; i++) {
            System.out.println(bytes[i]);
        }
    }
}
```

程序运行的结果如图 7.20 所示。

```
TestStringMethodDemo4 ×
"C:\Program Files\Java\jdk1.8.0_77\bin\java.exe" ...
5
abc
ABC
今天我要学习
abc
97
98
99
```

图 7.20　例 7.20 的运行结果

【例 7.21】 startsWith 方法、endsWith 方法、substring 方法和 split 方法演示。

```java
package test.str;
public class TestStringMethodDemo5 {
    public static void main(String[] args) {
        String fileName = "mm.jpg";
        //判断文件名是否为指定的 jpg 格式
        System.out.println(fileName.endsWith(".jpg"));
        String phone = "13800001111";
        //判断是否为 138 的手机号
        System.out.println(phone.startsWith("138"));
        String mail = "12345678@qq.com";
```

```
        //从 qq 邮箱地址中截取出 qq 号
        //截取的结果包含开始索引位置的字符,不包含结束索引位置的字符
        System.out.println(mail.substring(0,mail.indexOf("@")));
        String names = "张三,李四,王五,赵六,田七";
        //按照指定的逗号进行字符串的切割,返回字符串数组
        String[] split = names.split(",");
        for (int i = 0; i < split.length; i++) {
            System.out.println(split[i]);
        }
    }
}
```

程序运行的结果如图 7.21 所示。

```
TestStringMethodDemo5
"C:\Program Files\Java\jdk1.8.0_77\bin\java.exe" ...
true
true
12345678
张三
李四
王五
赵六
田七
```

图 7.21　例 7.21 的运行结果

以上是 String 类一些常用的操作,由于字符串使用频繁,因此要多加练习,在使用的过程中不断去熟悉。它还包含更多的方法,读者可以参看 JDK 手册深入学习。

7.5.3　StringBuffer 类

StringBuffer 类和 String 一样,也是用来表示字符串,但用于描述可变字符序列,因此 StringBuffer 在操作字符串时不会在内存中产生新的对象,从操作性能上来说效率更高。在 StringBuffer 类中存在很多和 String 类一样的方法,StringBuffer 类中不同于 String 的一些常用方法如表 7.10 所示。

表 7.10　StringBuffer 类的常用方法

方 法 声 明	功 能 描 述
StringBuffer append(String str)	向字符串尾部追加内容
StringBuffer insert(int offset,String str)	往字符串的指定位置插入内容
StringBuffer delete(int start,int end)	删除字符串中指定范围的内容
StringBuffer reverse()	将字符串内容反转

接下来用一个示例演示这些方法的使用,如例 7.22 所示。

【例 7.22】　StringBuffer 字符串的操作演示。

```
package test.str;
public class TestStringBuffer {
```

```java
    public static void main(String[] args) {
        StringBuffer sb = new StringBuffer("abc");
        //在字符串后追加内容123
        sb.append("123");
        System.out.println(sb);
        //在字符串最前面的位置插入内容xyz
        sb.insert(0,"xyz");
        System.out.println(sb);
        //删除索引从3到6位置的内容,包含3不包含6
        sb.delete(3,6);
        System.out.println(sb);
        //字符串反转
        sb.reverse();
        System.out.println(sb);
    }
}
```

程序运行的结果如图 7.22 所示。

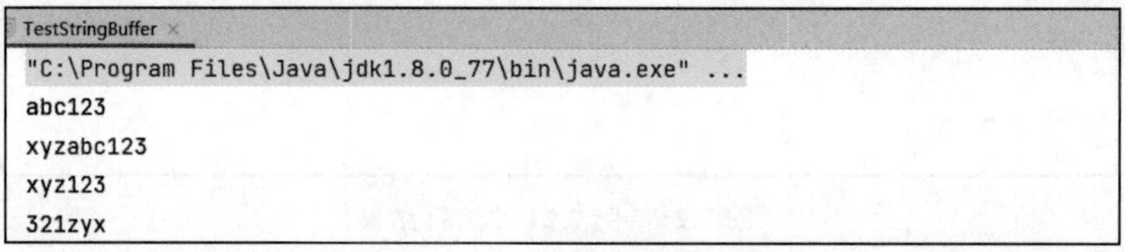

```
TestStringBuffer
"C:\Program Files\Java\jdk1.8.0_77\bin\java.exe" ...
abc123
xyzabc123
xyz123
321zyx
```

图 7.22　例 7.22 的运行结果

以上就是 StringBuffer 类的基本使用,其他方法读者可参考 JDK 官方文档深入学习。

7.5.4　StringBuilder 类

JDK 5.0 提供了 StringBuilder 类,它和 StringBuffer 一样,也是代表可变字符序列。与之不同的是,StringBuffer 类是线程安全的,StringBuilder 类是线程不安全的,因此 StringBuilder 的效率更高。下面通过一个示例来分析 String、StringBuffer 和 StringBuilder 的运行效率,如例 7.23 所示。

【例 7.23】 StringBuilder 字符串的操作演示。

```java
package test.str;
public class TestPerformance {
    public static void main(String[] args) {
        String str = "";
        long begni1 = System.currentTimeMillis();
        for (int i = 0; i < 20000; i++) {
            str += i;
        }
        long end1 = System.currentTimeMillis();
        System.out.println("使用String完成字符串的10万次拼接总耗时:" + (end1 - begni1) + "ms");
```

```
            System.out.println("****************************************");
            StringBuffer sb1 = new StringBuffer("");
            long begni2 = System.currentTimeMillis();
            for (int i = 0; i < 20000; i++) {
                sb1.append(i);
            }
            long end2 = System.currentTimeMillis();
            System.out.println("使用 StringBuffer 完成字符串的 10 万次拼接总耗时:" +
            (end2 - begni2) + "ms");
            System.out.println("****************************************");
            StringBuilder sb2 = new StringBuilder("");
            long begni3 = System.currentTimeMillis();
            for (int i = 0; i < 20000; i++) {
                sb2.append(i);
            }
            long end3 = System.currentTimeMillis();
            System.out.println("使用 StringBuilder 完成字符串的 2 万次拼接总耗时:" +
            (end3 - begni3) + "ms");
        }
}
```

程序运行的结果如图 7.23 所示。

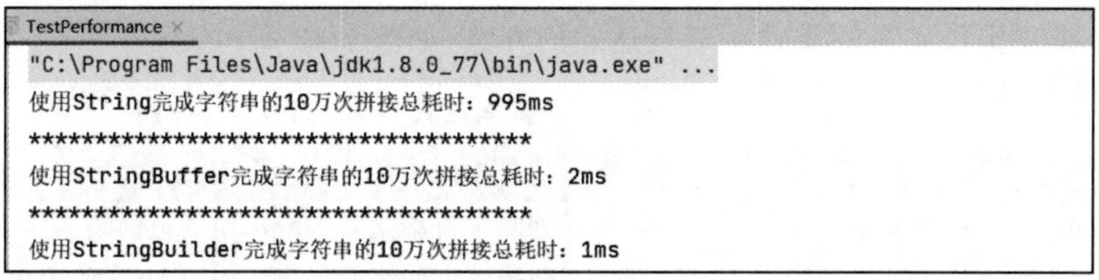

图 7.23 例 7.23 的运行结果

从图 7.23 所示运行结果可以看出 String 的效率是三者中最差的，因为它是不可变的字符序列，StringBuffer 类同时兼顾了效率和线程安全，StringBuilder 类在三者中效率最高。

7.5.5 正则表达式

正则表达式也称为规则表达式，它可以方便地对字符串进行匹配、替换等操作，正则表达式的语法规则如表 7.11 所示。

表 7.11 正则表达式的语法规则

语 法 规 则	功 能 描 述
\\	表示反斜杠字符
\t	表示制表符
\n	表示换行
[xyz]	表示字符 x、y 或 z
[^xyz]	表示除了 a、b、c 之外的任意字符

续表

语 法 规 则	功 能 描 述
[a-z0-9A-Z]	表示由字母、数字组成
\d	表示数字
\D	表示非数字
\w	表示字母、数字、下画线
\W	表示非字母、数组、下画线
\s	表示所有的空白字符,如换行、空格等
\S	表示所有的非空白字符
^	行的开头
$	行的结尾
.	匹配除换行符之外的任意字符
?	可以出现 0 次或 1 次
*	可以出现任意多次包括 0 次
+	至少出现 1 次
{n}	必须出现 n 次
{n,}	必须出现 n 次或以上
{m,n}	必须出现 m～n 次

String 类还提供了一些支持正则表达式的方法,如表 7.12 所示。

表 7.12 String 类对正则表达式的支持方法

方 法 声 明	功 能 描 述
boolean matches(String regex)	判断字符串是否匹配给定的正则表达式
String replaceAll(Stringregex,String replacement)	使用给定的 replacement 替换此字符串中所有匹配给定的正则表达式的子字符串
String[] split(String regex)	根据给定正则表达式的匹配拆分此字符串

接下来通过一个示例对这些方法的使用进行演示,如例 7.24 所示。

【例 7.24】 正则表达式的示例。

```
package test.str;
public class TestStringRegex {
    public static void main(String[] args) {
        String str1 = "helloworld123";
        //判断 str1 字符串是否由数字、字母组成
        boolean matches = str1.matches("[a-z0-9A-Z]");
        System.out.println("matches = " + matches);
        //将字符串中所有的数字字符替换成字符 x 并返回替换后的结果
        String result = str1.replaceAll("[0-9]", "x");
        System.out.println("result = " + result);
        String str2 = "www.1000phone.com";
        String[] split = str2.split("\\.");
        //按照指定的正则表达式对字符串进行切割
```

```
        for (int i = 0; i < split.length; i++) {
            System.out.println(split[i]);
        }
    }
}
```

程序运行结果如图 7.24 所示。

```
TestStringRegex ×
"C:\Program Files\Java\jdk1.8.0_77\bin\java.exe" ...
matches = false
result = helloworldxxx
www
1000phone
com
```

图 7.24 例 7.24 的运行结果

7.6 日期操作类

在实际开发中经常会遇到日期类型的操作，Java 对日期的相关操作提供了良好的支持，有 java.util 包中的 Date 类、Calendar 类以及 java.text 包中的 SimpleDateFormat 类，接下来详细讲解这些类的使用。

7.6.1 Date 类

Date 类是定义在 java.util 包中用于表示日期和时间的类，里面大多数构造方法和普通方法声明为已过时，但创建日期的方法很常用。例 7.25 演示了 Date 类的常规使用，如例 7.25 所示。

【例 7.25】 Date 类构造方法的使用示例。

```
package test.date;
import java.util.Date;
public class TestDate {
    public static void main(String[] args) {
        //默认获取系统当前的日期时间
        Date d1 = new Date();
        System.out.println(d1);
        //按照给定的时间戳创建一个日期对象,这里的参数表示从 1970 年 1 月 1 日 0 时 0 分 0 秒
            这一刻开始,经过这个长整型指定的毫秒数后的日期
        Date d2 = new Date(888888888888L);
        System.out.println(d2);
    }
}
```

程序运行的结果如图 7.25 所示。

```
TestDate
"C:\Program Files\Java\jdk1.8.0_77\bin\java.exe" ...
Thu Jan 12 15:31:07 CST 2023
Tue Mar 03 09:34:48 CST 1998
```

图 7.25　例 7.25 的运行结果

7.6.2　Calendar 类

Calendar 类可以将取得的时间精确到毫秒。Calendar 类是一个抽象类，它提供了很多的常用方法，如表 7.13 所示。

表 7.13　Calendar 类的常用方法

方法声明	功能描述
static Calendar getInstance()	使用默认时区和环境获取一个日历
int get(int field)	返回日历指定字段的值
boolean after(Object when)	判断 Calendar 表示的日期时间是否在指定的时间之后
boolean before(Object when)	判断 Calendar 表示的日期时间是否在指定的时间之前
Date getTime()	返回表示该 Calendar 时间的 Date 对象

接下来通过示例演示一下 Calendar 类的具体使用，如例 7.26 所示。

【例 7.26】　Calendar 类的使用示例。

```java
package test.date;
import java.util.Calendar;
public class TestCalendar {
    public static void main(String[] args) {
        Calendar calendar = Calendar.getInstance();
        System.out.println(calendar.getTime());
        System.out.println("年份:" + calendar.get(Calendar.YEAR));
        System.out.println("月份:" + calendar.get(Calendar.MONDAY));
        System.out.println("日:" + calendar.get(Calendar.DAY_OF_MONTH));
        System.out.println("小时:" + calendar.get(Calendar.HOUR_OF_DAY));
        System.out.println("分钟:" + calendar.get(Calendar.MINUTE));
        System.out.println("秒数:" + calendar.get(Calendar.SECOND));
        System.out.println("毫秒:" + calendar.get(Calendar.MILLISECOND));
    }
}
```

程序运行的结果如图 7.26 所示。

```
TestCalendar
"C:\Program Files\Java\jdk1.8.0_77\bin\java.exe" ...
Fri Jan 13 09:47:30 CST 2023
年份:2023
月份:0
日:13
小时:9
分钟:47
秒数:30
毫秒:332
```

图 7.26　例 7.26 的运行结果

7.6.3 SimpleDateFormat 类

前面在进行日期显示时默认按照其他国家习惯的方式,如果想要得到更符合中国人阅读习惯的格式可以通过 SimpleDateFormat 类来实现,它位于 java.text 包中,要自定义格式化日期,需要一些特定的日期标记表示日期格式,常用的日期标记如表 7.14 所示。

表 7.14 常用的日期标记

日 期 标 记	功 能 描 述
y	代表日期的年份,需要 yyyy 表示 4 位年份
M	代表日期的月份,需要用 MM 表示 2 位月份
d	代表日期的天数,需要用 dd 表示 2 位天数
H	代表日期的小时,需要用 HH 表示
m	代表日期的分钟,需要用 mm 表示
s	代表日期的秒数,需要用 ss 表示
S	代表日期的毫秒,需要用 SSS 表示

在创建 SimpleDateFormat 对象时,需要调用它的构造方法并通过表 7.14 列出的标记指定具体的格式,示例如下。

```
public SimpleDateFormat(String pattern)
```

接下来通过一个示例演示 SimpleDateFormat 类的使用,如例 7.27 所示。

【例 7.27】 日期格式化的示例。

```
package test.date;
import java.text.SimpleDateFormat;
import java.util.Date;
public class TestSimpleDateFormat {
    public static void main(String[] args) {
        //创建一个日期对象,默认获取系统当前日期
        Date date = new Date();
        //默认输出的日期时间格式
        System.out.println(date);
        //创建一个 SimpleDateFormat 示例并指定具体的日期格式
        SimpleDateFormat sdf = new SimpleDateFormat("yyyy-MM-dd HH:mm:ss.SSS");
        //调用对象的 format 方法对日期进行格式化并返回格式化后的字符串
        String format = sdf.format(date);
        //输出格式化后的日期
        System.out.println(format);
    }
}
```

程序运行的结果如图 7.27 所示。

```
TestSimpleDateFormat ×
"C:\Program Files\Java\jdk1.8.0_77\bin\java.exe" ...
Fri Jan 13 10:18:18 CST 2023
2023-01-13 10:18:18.702
```

图 7.27 例 7.27 的运行结果

本 章 小 结

通过本章的学习,读者能够掌握 Java 基础类库中常用的 API。如果想要深入的学习,可以查看 JDK 使用文档,多查多用才能熟练。

练 习 题

1. 填空题

(1) Java 中定义了_____、_____、_____三个类来封装字符串。

(2)_____类提供了标准的输入/输出等重要功能。

(3) 基本类型 int 对应的包装类是_____,char 对应的包装类是_____。

(4) Object 类中的_____方法可以用来获取对象的哈希值。

(5) String 类的_____方法可以用来实现一个字符串中的部分内容替换。

2. 选择题

(1) Java 基础类库中提供的 SimpleDateFormat 类位于(　　)包。

  A. Java.lang   B. java.util   C. java.text   D. java.date

(2) 向 StringBuilder 中追加字符串,使用的方法是(　　)。

  A. length()   B. delete()   C. append()   D. toString()

(3) String 类中的 getBytes()方法的作用是(　　)。

  A. 将整数变成字符串   B. 将字符串变成字符数组

  C. 将字符串变成字节数组   D. 获取字符串中字符的个数

(4) 下列选项中不属于 Math 类提供的数学运算方法是(　　)。

  A. pow()   B. abs()   C. nextInt()   D. min()

3. 简答题

(1) 简述将基本类型数据包装成引用类型对象的两种实现方式。

(2) 简述==和 equals 方法的区别。

(3) 简述 String 类和 StringBuffer 类的区别。

(4) 简述如何按照指定的模式进行日期的格式化。

4. 编程题

(1) 给定由一组数字组成的字符串,如"12334255345234234424534534",统计字符 5 出现的次数。

(2) 从键盘输入一个邮箱地址,获取并输出用户名。

(3) 如果从 1990 年 1 月 1 日开始,三天打鱼,两天晒网,编写程序计算 2016 年 1 月 1 日是晒网还是打鱼?

第 8 章 集合

本章学习目标

- 掌握 List 集合的使用方法。
- 掌握 Set 集合的使用方法。
- 掌握 Map 集合的使用方法。
- 掌握泛型集合和泛型类的使用方法。
- 了解 Collection 接口的使用方法。

在 Java 程序设计中,可以使用数组保存数据集,但是数组在初始化时长度就已经固定了,并且分配了对应的内存大小,对于数据量是变化的场景,就会存在以下缺点。

(1) 数据量大,超过了数组长度,导致数据无法存储。

(2) 数据量小,导致内存浪费。

(3) 一个数组能存储的数据类型是固定的,无法存储数据类型多样化的数据集。

因此,Java 提供了集合类。集合类可以存储数据类型多样化和任意长度的数据集,且实现内存大小动态分配,避免内存浪费。

8.1 集合概述

集合类又称为容器类,就像现实生活中的容器,提供空间来装东西,对东西的类型没有限制。java.util 包中提供了一系列的集合类,不同的集合类有不同的功能和特点,适合不同的场合,用以解决一些实际问题。集合类主要由 Collection 和 Map 两个接口派生而来,图 8.1 详细描述了集合类的继承体系。

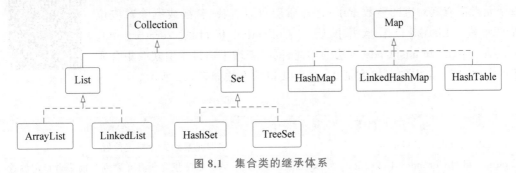

图 8.1 集合类的继承体系

图 8.1 中可以看出,集合主要有两类,分别是实现了 Collection 接口的集合和实现了 Map

接口的集合,简称 Collection 集合和 Map 集合。其中,List 和 Set 属于 Collection 子接口,因此 List 和 Set 可以使用 Collection 接口中定义的方法。Collection 接口的方法如表 8.1 所示。

表 8.1 Collection 接口的方法

方　　法	功能说明
boolean add(E e)	添加元素
boolean addAll(Collection<? extends E> c)	添加指定集合的所有元素到当前集合
void clear()	清空集合元素
boolean contains(Object o)	判定当前集合是否包含指定元素
boolean containsAll(Collection<?> c)	判定当前集合是否包含指定集合的所有元素
boolean equals(Object o)	判定 Object 对象是否与当前集合对象相等
int hashCode()	获取集合的 hashcode 值
boolean isEmpty()	判定集合是否为空
Iterator<E> iterator()	获取集合元素的迭代器
Stream<E> parallelStream()	获取此集合作为源的并行流
boolean remove(Object o)	删除集合中指定的元素
boolean removeAll(Collection<?> c)	删除此集合中包含在指定集合中的元素
boolean removeIf(Predicate<? super E> filter)	删除此集合中满足给定条件的所有元素
boolean retainAll(Collection<?> c)	保留此集合中包含在指定集合中的元素
int size()	获取集合的元素数量
Spliterator<E> spliterator()	获取此集合元素的 Spliterator 对象
Stream<E> stream()	获取此集合作为源的顺序流
Object[] toArray()	将此集合转换为数组
<T> T[] toArray(T[] a)	将此集合转换为指定类型的数组

8.2　List 集 合

8.2.1　List 概述

List 属于有序集合,且允许出现重复元素和空元素(null)。集合中的每个元素都有其对应的整数索引,通过索引可以查找、替换或删除对应位置的元素。List 接口继承并扩展了 Collection 接口的 iterator、add、remove、equals 和 hashCode 方法的功能,同时新增了通过索引获取集合元素的方法,List 索引的起始值为 0。List 接口的方法如表 8.2 所示。

List 集合.mp4

表 8.2 List 接口的方法

方法名称	功能说明
void add(int index, E element)	添加元素到集合指定位置
boolean addAll(int index, Collection<? extends E> c)	添加指定集合所有元素到当前集合指定位置
E get(int index)	获取指定位置的元素
int indexOf(Object o)	获取指定元素的第一个索引号

续表

方法名称	功能说明
int lastIndexOf(Object o)	获取指定元素的最后一个索引号
ListIterator<E> listIterator()	获取元素的 list 迭代器
ListIterator<E> listIterator(int index)	获取当前集合部分元素的 list 迭代器
E remove(int index)	删除指定位置的元素
void replaceAll(UnaryOperator<E> operator)	替换所有匹配条件元素
E set(int index, E element)	添加元素到指定位置
void sort(Comparator<? super E> c)	根据指定的规则对集合元素排序
List<E> subList(int fromIndex, int toIndex)	获取当前集合的部分元素

表 8.2 除了 Collection 接口的方法之外，仅列举了 List 接口的扩展方法，可以看出，List 接口中提供了根据索引来操作具体元素的方法。需要注意的是，List 实现类不同，通过索引来操作元素的性能也有所区别，例如 ArrayList 的索引查询效率更高，LinkedList 的插入元素的效率更高。

8.2.2 ArrayList

ArrayList 是 List 接口的实现类，其内部包含一个可变长的数组，随着向 ArrayList 中持续添加元素，数组的大小也会随之增长。因为 ArrayList 内部是数组结构，所以查询效率较高，插入或删除元素效率较低。除了实现 List 接口中的方法之外，ArrayList 为了方便进行容器大小调整和遍历，也新增了一些方法，表 8.3 给出了 ArrayList 类中的方法，表 8.4 给出 ArrayList 的构造方法。

表 8.3 ArrayList 类中的方法

方法名称	功能描述
void ensureCapacity(int minCapacity)	调整 ArrayList 的容量大小
void forEach(Consumer<? super E> action)	循环迭代方法，用于遍历所有元素
void removeRange(int fromIndex, int toIndex)	删除集合中满足给定条件的所有元素
void trimToSize()	调整集合容量为当前的实际大小

表 8.4 ArrayList 的构造方法

构造方法	功能描述
ArrayList()	默认构造方法，创建初始容量为 10 的集合
ArrayList(Collection<? extends E> c)	基于其他集合创建新的集合对象
ArrayList(int initialCapacity)	创建指定容量大小的集合

接下来通过一个示例演示 ArrayList 的用法，如例 8.1 所示。

【例 8.1】 ArrayList 集合的使用示例。

```
public static void main(String[] args) {
    ArrayList arrayList = new ArrayList();         //创建 ArrayList 对象
    arrayList.add("苹果");                          //添加字符串
```

```
            arrayList.add(200);                          //添加整数
            arrayList.add(6.6);                          //添加浮点数
            int size = arrayList.size();                 //获取集合中元素个数
            System.out.println("集合中元素个数为:"+size);
            Object obj1 = arrayList.get(0);              //获取集合中第一个元素,索引为 0
            System.out.println("集合第一个元素:"+obj1);
            int index = arrayList.indexOf(6.6);          //获取元素的索引号
            System.out.println("元素 6.6 的索引为:"+index);
            //遍历集合所有元素
            for (int i = 0; i < size; i++) {
                System.out.println(arrayList.get(i));
            }
            arrayList.add(2,"学业有成");                    //在集合指定位置插入元素
            Object obj2 = arrayList.get(2);              //获取索引为 2 的元素
            System.out.println("获取索引为 2 的元素:"+obj2);
        }
```

程序运行结果如图 8.2 所示。

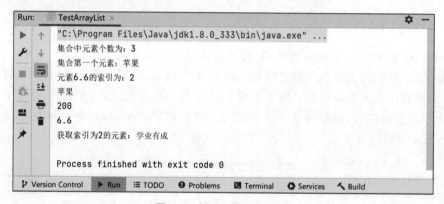

图 8.2　例 8.1 的运行结果

通过无参构造方法创建 ArrayList 对象,其内部会初始化一个长度为 10 的内部数组,随着集合元素增长,数组的大小也会动态调整。

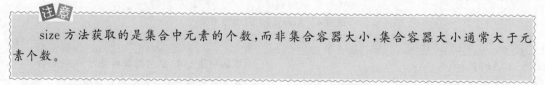

size 方法获取的是集合中元素的个数,而非集合容器大小,集合容器大小通常大于元素个数。

8.2.3　LinkedList

LinkedList 类是 List 接口的实现类,其内部通过双链表结构实现,因此具备与双链表等同的操作特性。LinkedList 也提供了通过索引进行集合元素的操作方法,与数组结构的 ArrayList 直接通过索引定位指定元素不同,LinkedList 的索引操作每次都需要从链表头或链表尾进行列表遍历,直至定位到指定索引为止,因此 LinkedList 的查询操作相对较慢,但借助于链表结构的优势,其插入操作较快。LinkedList 类除了实现了 List 接口中的所有可

选的方法之外,还扩展了一些方法,如表 8.5 所示。

表 8.5　LinkedList 类中的方法

方法名称	功能描述
void addFirst(E e)	新增元素到集合头部
void addLast(E e)	新增元素到集合尾部
Iterator<E> descendingIterator()	获取一个倒序迭代器
E element()	获取第一个元素,调用 getFirst 方法
E getFirst()	获取第一个元素,不存在则抛出异常
E getLast()	获取最后一个元素,不存在则抛出异常
boolean offer(E e)	新增元素到集合尾部,返回 true
boolean offerFirst(E e)	新增元素到集合头部,返回 true
boolean offerLast(E e)	新增元素到集合尾部,返回 true
E peek()	获取第一个元素,不存在则返回 null
E peekFirst()	获取第一个元素,不存在则返回 null
E peekLast()	获取最后一个元素,不存在则返回 null
E poll()	获取并删除第一个元素,不存在则返回 null
E pollFirst()	获取并删除第一个元素,不存在则返回 null
E pollLast()	获取并删除最后一个元素,不存在则返回 null
E pop()	出栈操作,移除并返回第一个元素,等同 removeFirst()方法
void push(E e)	入栈操作,新增元素到列表头部,等同 addFirst()方法
E removeFirst()	删除并返回第一个元素
boolean removeFirstOccurrence(Object o)	删除此列表中第一个出现的指定元素
E removeLast()	删除并返回最后一个元素
boolean removeLastOccurrence(Object o)	删除此列表中最后一个出现的指定元素

通过表 8.5 列举的方法可以看出,不同于 ArrayList 的是 LinkedList 类提供了大量新增和删除的方法。在实际开发中,LinkedList 通常用于需要频繁进行新增和删除的场景。

接下来,通过一个示例演示 LinkedList 集合使用方法,如例 8.2 所示。

【例 8.2】　LinkedList 集合的使用示例。

```
public static void main(String[] args) {
    LinkedList linkedList = new LinkedList();        //创建 LinkedList 对象
    linkedList.add("学业有成");                      //添加元素
    linkedList.add("吉祥如意");
    linkedList.add('A');
    linkedList.add('B');
    Object element = linkedList.element();           //获取第一个元素
    System.out.println("第一个元素为:"+element);
    linkedList.offer("C");                           //添加元素
    linkedList.offerLast("D");                       //添加元素
    linkedList.push("E");                            //添加元素到集合头部
    //移除栈顶元素(第一个元素),并返回被移除元素
    Object popElement = linkedList.pop();
```

```
        //输出被移除栈顶的元素
        System.out.println("出栈的元素:"+popElement);
}
```

程序运行结果如图 8.3 所示。

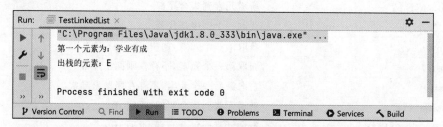

图 8.3　例 8.2 的运行结果

8.2.4　foreach 循环

foreach 循环是一种更简洁的 for 循环,也叫增强 for 循环。其语法格式如下。

```
for(数据类型 变量名:集合对象名){
    //循环体
}
```

从语法格式来看,foreach 循环遍历不是根据索引进行遍历,因此也不需要知道集合大小。接下来,根据一个示例演示 foreach 循环的使用,如例 8.3 所示。

【例 8.3】　foreach 循环演示示例。

```
public static void main(String[] args) {
    ArrayList arrayList = new ArrayList();
    arrayList.add("学");
    arrayList.add("业");
    arrayList.add("有");
    arrayList.add("成");
    //foreach 循环
    for (Object item:arrayList) {
        System.out.print(item);
    }
}
```

程序运行结果如图 8.4 所示。

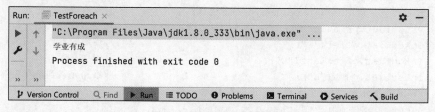

图 8.4　例 8.3 的运行结果

foreach 循环遍历过程中，不能对集合元素进行增删操作，否则会出现 ConcurrentModificationException 异常。如果想在集合遍历中对集合进行增删操作，建议使用 for 循环。

8.2.5 泛型

在使用集合过程中，我们发现在集合中存入任何数据类型的元素，再次获取元素时，元素类型默认是 Object 类型，这导致使用集合元素时非常不方便。之所以会存在这样的问题，是因为集合可以存入任意数据类型的对象，这样的特性方便数据存储，但是不利于数据查询使用，为了解决此问题，Java 引入了泛型机制。

泛型可以理解为是一种约定，用来约定集合中元素的数据类型，如果在集合中设置了泛型，代码编译时就会检查数据类型是否正确。接下来，演示泛型在集合中的使用，如示例 8.4 所示。

【例 8.4】 泛型使用示例。

```java
public static void main(String[] args) {
    //创建泛型为 String 的 ArrayList 对象
    ArrayList<String> arrayList = new ArrayList<String>();
    arrayList.add("学业有成");              //添加字符串
    //创建泛型为 Float 的 LinkedList 对象
    Collection<Float> linkedList = new LinkedList<Float>();
    linkedList.add(1.1f);                   //添加浮点型
}
```

例 8.4 分别指定了 ArrayList 和 LinkedList 集合泛型，且集合中只能存储泛型约定数据类型的元素。

通常除了在集合中使用泛型之外，还可能需要在自定义的类中使用泛型。接下来，通过具体示例演示如何进行类和方法的泛型声明，如例 8.5 所示。

【例 8.5】 自定义泛型示例。

```java
//定义类泛型
class MyShow<T>{
    T var;                                   //此变量类型,通过类泛型进行约定
    //方法参数类型与类泛型保持一致
    public void show(T attr){
        System.out.println("成员变量 var 展示:" + var);
        System.out.println("方法参数 attr 展示:" + attr);
    }
    //定义方法泛型
    public <E> void showGeneric(E attr){
        System.out.println("方法泛型参数:" + attr);
    }
}
```

```
public class TestClassAndMethodGeneric {
    public static void main(String[] args) {
        MyShow<String> myShow = new MyShow<>();
        myShow.var = "大吉大利";
        myShow.show("学业有成");
        //方法参数泛型,可以传入任意数量类型的实参
        myShow.showGeneric(1.1);
        myShow.showGeneric("字符串");
    }
}
```

程序运行结果如图 8.5 所示。

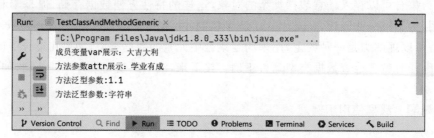

图 8.5　例 8.5 的运行结果

通过例 8.5 看出,泛型的定义是通过符号"<T>"声明。字母符号"T"代表任意的数据类型,除此之外,还有 E、K、V 三个字母也可以表示任意数据类型,其中"E"表示任意元素数据类型,"K"和"V"成对出现表示任意键值对数据类型。

8.3　Set 集合

8.3.1　Set 概述

Set 接口的集合属于无序集合,即元素输出顺序与存入顺序不一致,它不允许包含重复的元素,且最多只允许有一个 null 元素。Set 接口中方法全部继承自 Collection 接口,并无扩展。

Set 接口有两个常用实现类,分别是 HashSet 和 TreeSet。

Set 集合.mp4

8.3.2　HashSet

HashSet 类实现了 Set 接口,属于无序集合,即元素存入和取出顺序不一致,其内部结构是基于哈希表(Hash Table)实现,它不保证集合元素的迭代顺序。HashSet 提供了四种构造方法,如表 8.6 所示。

表 8.6　HashSet 的四种构造方法

方法名称	功能描述
HashSet()	默认构造方法,默认初始容量为 16
HashSet(Collection<? extends E> c)	基于其他集合对象创建新的集合对象

续表

方法名称	功能描述
HashSet(int initialCapacity)	创建指定初始容量的集合对象
HashSet(int initialCapacity，float loadFactor)	创建指定初始容量和增长因子的集合对象

HashSet 迭代效率与集合容量大小呈负相关，HashSet 中元素越多以及集合容量越大，其迭代效率会降低，因此在初始化 HashSet 对象时需要指定恰当的初始容量。

下面通过一个案例演示 HashSet 的使用，如例 8.6 所示。

【例 8.6】 HashSet 集合操作示例。

```java
public static void main(String[] args) {
    //1.创建 HashSet 集合
    HashSet hashSet = new HashSet();
    //2.添加元素
    hashSet.add("a");
    hashSet.add("b");
    hashSet.add("c");
    hashSet.add("d");
    //3.移除元素
    hashSet.remove("c");
    //4.获取元素个数
    int size = hashSet.size();
    //5.遍历元素
    Iterator iterator = hashSet.iterator();
    while(iterator.hasNext()){
        Object e = iterator.next();
        System.out.println(e);
    }
    //6.清空元素
    hashSet.clear();
}
```

程序运行结果如图 8.6 所示。

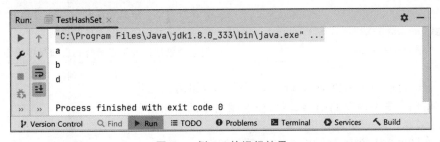

图 8.6 例 8.6 的运行结果

8.3.3 TreeSet

TreeSet 是 Set 接口实现类,不允许重复元素,不能存入 null 元素。存入 TreeSet 集合中的元素默认是升序排序,如存入的顺序是"2、3、1",但输出的顺序是"1、2、3"。TreeSet 除了实现 Set 集合所有方法之外,还提供了其他方法,如表 8.7 所示。

表 8.7 TreeSet 的方法

方法名称	功能描述
E ceiling(E e)	获取此集合中大于或等于给定元素的最小元素,如果没有该元素,则返回 null
Iterator<E> descendingIterator()	按降序返回此集合中元素的迭代器
E first()	获取集合第一个元素
E floor(E e)	获取此集合中小于或等于给定元素的最大元素,如果没有该元素,则返回 null。
E higher(E e)	获取此集合中大于给定元素的最小元素,如果没有该元素,则返回 null
E last()	获取最后一个元素
E lower(E e)	获取此集合中小于给定元素的最大元素,如果没有这样的元素,则返回 null
E pollFirst()	检索并删除第一个元素
E pollLast()	检索并删除最后一个元素
SortedSet<E> headSet(E toElement)	获取此集合中元素小于 toElement 的部分视图
SortedSet<E> tailSet(E fromElement)	获取此集合中元素大于或等于 toElement 的部分视图

通过表 8.7 可以看出,TreeSet 提供了较多通过大小条件判断获取元素的方法。在程序设计中,如果需要对 Set 集合元素进行排序或大小比较的需求,可以使用 TreeSet。

TreeSet 只能对实现了 Comparable 接口的类对象进行排序,因为 Comparable 接口中有一个 compareTo(Object o)方法用于自定义编写两个对象大小的比较规则。TreeSet 提供了多个构造方法来配置比较器,如表 8.8 所示。

表 8.8 TreeSet 的构造方法

方法名称	功能说明
TreeSet()	创建对象并提供默认的升序排序
TreeSet(Collection<? extends E> c)	创建对象包含指定集合中的元素,并按升序排序
TreeSet(Comparator<? super E> comparator)	创建对象并指定自定义排序规则
TreeSet(SortedSet<E> s)	创建对象且包含指定集合元素和排序规则

接下来,通过一个示例演示 TreeSet 的使用,如例 8.7 所示。

【例 8.7】 集合中存储图书对象,根据图书中的价格进行排序。

```java
class Book implements Comparable<Book> {
    //比较规则
    public int compareTo(Book o) {
```

```java
            if(this.bookPrice > o.bookPrice){
                //如果返回正数,则将当前元素 this 添加在集合的后面
                return 1;
            }else{
                //如果返回负数,则将当前元素放在 o 的前面
                return -1;
            }
        }
        private String bookId;              //图书 ID
        private String bookName;            //图书名称
        private String bookAuthor;          //图书作者
        private double bookPrice;           //图书价格
        public Book() {
        }
        public Book(String bookId, String bookName, String bookAuthor, double bookPrice) {
            this.bookId = bookId;
            this.bookName = bookName;
            this.bookAuthor = bookAuthor;
            this.bookPrice = bookPrice;
        }
        public String getBookId() {
            return bookId;
        }
        public void setBookId(String bookId) {
            this.bookId = bookId;
        }
        public String getBookName() {
            return bookName;
        }
        public void setBookName(String bookName) {
            this.bookName = bookName;
        }
        public String getBookAuthor() {
            return bookAuthor;
        }
        public void setBookAuthor(String bookAuthor) {
            this.bookAuthor = bookAuthor;
        }
        public double getBookPrice() {
            return bookPrice;
        }
        public void setBookPrice(double bookPrice) {
            this.bookPrice = bookPrice;
        }
}
public class TestTreeSet {
```

```java
        public static void main(String[] args) {
            //创建比较器对象
            Comparator<Book> comparator = new Comparator<Book>() {
                public int compare(Book o1, Book o2) {
                    //o1就是每次添加的元素
                    if(o1.getBookPrice() > o2.getBookPrice()){
                        return 1;
                    }else{
                        return -1;
                    }
                }
            };
            //创建TreeSet对象时指定比较器
            TreeSet<Book> treeSet = new TreeSet<>(comparator);
            //创建Book对象,并初始化
            Book book1 = new Book("101", "Java入门", "张三", 22.2);
            Book book2 = new Book("102", "Java进阶", "李四", 25.0);
            Book book3 = new Book("103", "Java高级", "王五", 20);
            treeSet.add(book1);                  //添加元素
            treeSet.add(book2);
            treeSet.add(book3);
            for (Book book:treeSet) {
                System.out.println("图书ID:"+book.getBookId()+",图书名称:"+book.
                getBookName()+",作者:"+ book.getBookAuthor()+",图书价格:"+ book.
                getBookPrice());
            }
        }
    }
```

程序运行结果如图 8.7 所示。

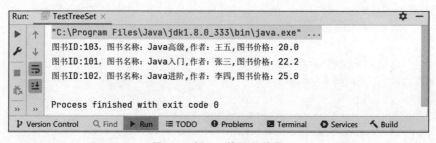

图 8.7　例 8.7 的运行结果

如图 8.7 所示,TreeSet 集合中的图书信息按照图书价格进行了升序排序。对例 8.7 的步骤说明如下。

(1) 创建 Book 类,实现 Comparable 接口,并重写 compareTo(Object o)方法。

(2) 创建 Comparator 比较器对象,并重写 compare(Object o1,Object o2)方法。

(3) 创建 TreeSet 集合对象,并将 Comparator 比较器对象传入 TreeSet 构造方法中。

(4) 使用 TreeSet 集合存入 Book 对象,并打印输出。

8.4 Map 集合

8.4.1 Map 概述

实现 Map 接口的集合是 Java 集合框架的重要组成,它提供了通过键(key)映射值(value)的数据处理方式,即可以通过键找到对应的值。每个键只能映射到一个值,因此键具有唯一性。Map 接口中的方法见表 8.9。

Map 集合.mp4

表 8.9 Map 接口中的方法

方 法 名 称	功 能 描 述
void clear()	清空集合全部元素
default V compute(K key, BiFunction<? super K,? super V,? extends V> remappingFunction)	通过键获取值并完成某种计算
default V computeIfAbsent(K key, Function<? super K,? extends V> mappingFunction)	通过键获取值,如果不存在,则通过给定函数计算值并完成某种计算
default V computeIfPresent(K key, BiFunction<? super K,? super V,? extends V> remappingFunction)	通过键获取值,如果存在,则通过值完成某种计算
boolean containsKey(Object key)	判断是否包含指定的键
boolean containsValue(Object value)	判断是否包含指定的值
Set<Map.Entry<K,V>> entrySet()	获取所有键值对对象
default void forEach(BiConsumer<? super K,? super V> action)	循环遍历集合元素
V get(Object key)	通过键获取值
default V getOrDefault(Object key, V defaultValue)	通过键获取值,如果没有,则返回默认值
boolean isEmpty()	判断集合是否为空
Set<K> keySet()	获取所有键的 Set 集合
default V merge(K key, V value, BiFunction<? super V,? super V,? extends V> remappingFunction)	如果指定的键尚未与值关联或与 null 关联,则将其与给定的非 null 值关联
V put(K key, V value)	添加键值对
void putAll(Map<? extends K,? extends V> m)	添加指定 Map 集合中所有元素
default V putIfAbsent(K key, V value)	如果指定的键尚未与值关联(或映射为 null),则将其与给定值关联并返回 null,否则返回当前值
V remove(Object key)	删除指定键对应的值
default boolean remove(Object key, Object value)	删除与指定键和值相同的元素
default V replace(K key, V value)	替换指定键对应的值
int size()	获取集合元素个数
Collection<V> values()	获取所有的值集合

从表 8.9 中可以看出,相较于 Collection 集合,Map 接口中的方法都是通过 Key 来操作 Value。接下来详细讲解 Map 接口最常用的实现类 HashMap。

8.4.2 HashMap

HashMap 是 Map 接口实现类,允许键和值都是 null,其内部是基于哈希表(Hash Table)实现。接下来,通过具体案例演示 HashMap 如何进行存取元素,如例 8.8 所示。

【例 8.8】 HashMap 集合操作示例。

```java
public static void main(String[] args) {
    //创建 HashMap 对象,并指定泛型为 String
    HashMap<String, String> hashMap = new HashMap<String, String>();
    //存入数据。第一个参数是键(key),第二个参数是值(value)
    hashMap.put("name","张三");
    hashMap.put("color","红色");
    //查询数据。通过键(key)获取对应的值(value)
    String name = hashMap.get("name");
    String color = hashMap.get("color");
    //输出
    System.out.println("姓名:"+name+",颜色:"+color);
}
```

程序中创建了一个 HashMap 对象,并根据 put 方法以键值对(key-value)的方式进行数据存储,获取数据的方式是通过键名获取对应的值。

接下来通过具体示例演示 HashMap 集合遍历操作,如例 8.9 所示。

【例 8.9】 获取 HashMap 中所有键的集合,并通过键查询所有值。

```java
public static void main(String[] args) {
    //创建 HashMap 对象,并指定泛型为 String
    HashMap<String, String> hashMap = new HashMap<String, String>();
    //存入数据。第一个参数是键(key),第二个参数是值(value)
    hashMap.put("name","张三");
    hashMap.put("color","红色");
    //获取所有的键
    Set<String> keySet = hashMap.keySet();
    //遍历键,通过键查询对应的值
    for (String key:keySet) {
        //通过键获取值
        String value = hashMap.get(key);
        //输出
        System.out.println("键:"+ key + ",值:"+value);
    }
}
```

下面通过一个具体的示例演示 HashMap 高级用法,如例 8.10 所示。

【例 8.10】 统计字符串"Chinese New Year"中每个字符出现的次数并记录在 HashMap 中。

```java
public static void main(String[] args) {
    //初始化字符串
```

```
String str = "Chinese New Year";
//创建 HashMap 集合对象
HashMap<Character, Integer> hashMap = new HashMap<>();
//获取字符串长度
int length = str.length();
//遍历字符串
for (int i = 0; i < length; i++) {
    //根据下标获取字符串中的字符
    char c = str.charAt(i);
    //判断 hashMap 中是否有此键,若有则返回 true,否则返回 false
    boolean exist = hashMap.containsKey(c);
    //如果存在此键
    if (exist) {
        //获取键对应的数字
        Integer integer = hashMap.get(c);
        integer+=1;                        //加 1 计数
        hashMap.put(c,integer);            //将加 1 之后的数字再存入 map
    } else {
        //如果此键第一次出现,则存数字 1
        hashMap.put(c,1);
    }
}
//遍历 HashMap
Set<Character> keySet = hashMap.keySet();
for (Character key:keySet) {
    Integer num = hashMap.get(key);
    System.out.println("字符"+key+"出现次数为"+num);
}
}
```

以上程序运行结果如图 8.8 所示。

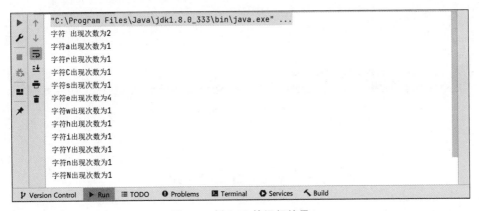

图 8.8 例 8.10 的运行结果

8.4.3 Properties

Properties 类是 Map 集合的重要组成,通常用于保存程序中的配置信息,它的每一个键和值都是字符串。Properties 类常用方法如表 8.10 所示。

表 8.10 Properties 类常用方法

方法名称	功能描述
String getProperty(String key)	通过 key 获取属性值
String getProperty(String key, String defaultValue)	通过 key 获取属性值，没有则返回 defaultValue
Object setProperty(String key, String value)	设置属性 key 和 value

下面的代码详细演示了 Properties 类的使用，如例 8.11 所示。

【例 8.11】 Properties 类使用示例。

```java
public static void main(String[] args) {
    //创建 Properties 对象
    Properties properties = new Properties();
    //存入数据,以键值对形式保存数据
    properties.setProperty("username","root");
    properties.setProperty("password","123456");
    //获取数据
    String username = properties.getProperty("username");
    String password = properties.getProperty("password");
    //获取 city 对应的值,没有的话返回默认值"北京"
    String city = properties.getProperty("city", "北京");
    //输出
    System.out.println("username:"+ username);
    System.out.println("password:"+ password);
    System.out.println("city:"+ city);
}
```

程序运行结果如图 8.9 所示。

图 8.9 例 8.11 的运行结果

8.5 集合工具类

8.5.1 Collections

Collections 类是 Java 中 java.util 包里用于操作集合的工具类，提供了众多操作集合的方法，如集合排序等。此类中的方法都是静态方法，常用方法如表 8.11 所示。

表 8.11　Collections 类常用方法

方 法 名 称	方 法 描 述
static void reverse(List<?> list)	反转指定列表中元素的顺序
static void shuffle(List<?> list)	随机打乱列表中元素的顺序
static void sort(List<T> list)	根据元素的自然顺序，将指定列表按升序排序
static void sort(List<T> list，Comparator<? super T> c)	根据指定比较器产生的顺序对指定列表进行排序

下面通过具体示例演示 Collections 类各种方法的使用。

【例 8.12】 对集合中的元素进行排序。

```java
public static void main(String[] args) {
    //创建集合对象
    ArrayList<Integer> arrayList = new ArrayList<>();
    //随机添加值
    arrayList.add(3);
    arrayList.add(1);
    arrayList.add(5);
    arrayList.add(4);
    arrayList.add(2);
    //按照自然顺序升序排序
    Collections.sort(arrayList);
    //输出结果
    System.out.print("升序顺序:");
    for (Integer i:arrayList) {
        System.out.print(i);
    }
    System.out.println();
    //反转 arrayList 集合中的元素顺序
    Collections.reverse(arrayList);
    System.out.print("降序顺序:");
    for (Integer i:arrayList) {
        System.out.print(i);
    }
}
```

程序运行结果如图 8.10 所示。

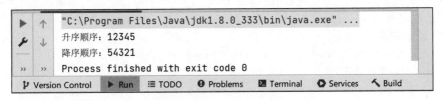

图 8.10　例 8.12 的运行结果

在实际程序开发过程中，除了类似例 8.12 中对自然数进行排序外，还有更多比较复杂的排序，如对非数字进行排序，就需要自定义排序规则。Java 中提供了 Comparable 接口用于自定义集合对象排序规则。

【例 8.13】 按照指定排序规则对学生信息进行排序。

```java
class Student implements Comparable<Student>{
    int code;                           //学号
    String name;                        //姓名
    public Student() {
    }
    public Student(int code, String name) {
        this.code = code;
        this.name = name;
    }
    public int getCode() {
        return code;
    }
    public void setCode(int code) {
        this.code = code;
    }
    public String getName() {
        return name;
    }
    public void setName(String name) {
        this.name = name;
    }
    //重写 compareTo 方法用于自定义排序规则
    @Override
    public int compareTo(Student o) {
        //此处通过返回 1、-1 和 0 来控制排序规则
        if (o.getCode() < this.getCode()) {
            return 1;
        } else if (o.getCode() > this.getCode()) {
            return -1;
        }
        return 0;
    }
}
public class TestStudentCollections {
    public static void main(String[] args) {
        //创建集合对象
        ArrayList<Student> arrayList = new ArrayList<>();
        //创建学生对象
        Student student1 = new Student(1003, "张三");
        Student student2 = new Student(1002, "李四");
        Student student3 = new Student(1005, "王五");
        Student student4 = new Student(1004, "赵六");
        Student student5 = new Student(1001, "陈七");
```

```
        //将学生对象存入集合中
        arrayList.add(student1);
        arrayList.add(student2);
        arrayList.add(student3);
        arrayList.add(student4);
        arrayList.add(student5);
        //使用 Collections 工具类的 sort 方法进行排序
        Collections.sort(arrayList);
        //输出排序结果
        for (Student stu:arrayList) {
            int code = stu.getCode();
            String name = stu.getName();
            System.out.println("学号:"+code+",姓名:"+name);
        }
    }
}
```

例 8.13 根据 Student 对象中的学号属性进行排序,因为默认情况是不会根据学号排序的,只有通过重写接口 Comparable 中的 compareTo 方法自定义排序规则,才能实现满足需求的排序。程序运行结果如图 8.11 所示。

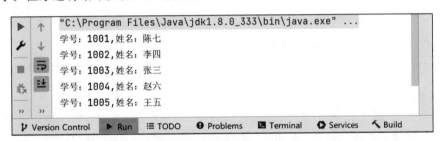

图 8.11　例 8.13 的运行结果

8.5.2　Arrays

Arrays 类是 Java 中 java.util 包里用于操作数据的工具类,提供了众多操作数据的方法,如数组排序、数组比较等。Arrays 常用方法如表 8.12 所示。

表 8.12　Arrays 常用方法

方 法 名 称	方 法 描 述
static boolean equals(T[] a, T[] b)	比较两个数组元素是否完全相等
static void parallelSort(T[] a)	将指定的数组按照升序排序,适用大数据量数组
static void sort(T[] a)	将指定的数组按照升序排序,适用小数据量数组
static void sort(char[] a, int fromIndex, int toIndex)	将数组指定范围内元素按升序排序
static T[] copyOf(T[] original, int newLength)	将数组复制到新的数组,新数组的长度由 newLength 决定
static T[] copyOfRange(T[] original, int from, int to)	将数组的指定范围复制到新数组中

下面通过一个示例演示 Arrays 工具类的用法,如例 8.14 所示。

【例 8.14】 Arrays 工具类使用示例。

```java
public static void main(String[] args) {
    //创建数组并初始化
    int[] nums = new int[]{6,3,2,5,4,1};
    //将 nums 数组复制到 copy 数组中
    int[] copy = Arrays.copyOf(nums, 6);
    //对 nums 数组进行排序
    Arrays.sort(nums);
    //输出
    System.out.print("排序后的原数组:");
    for (int num:nums) {
        System.out.print(num);
    }
    //换行
    System.out.println();
    //输出复制的 copy 数组
    System.out.print("副本数组:");
    for (int c:copy) {
        System.out.print(c);
    }
}
```

以上程序运行结果如图 8.12 所示。

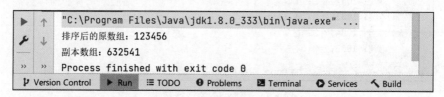

图 8.12　Arrays 示例的运行结果

通过程序运行结果可以看出,通过 copy 方法创建的数组副本属于一个全新的数组,对原数组进行排序,副本数组的数据还是维持原顺序不受影响。

本 章 小 结

本章学习了三种常用的集合框架,分别是 List、Set 和 Map,其区别和作用总结如下。
(1) List 和 Set 都继承自 Collection 接口,Map 是一个独立接口。
(2) Set 集合中元素的无序,仅仅是指没有依照存入的先后顺序进行输出,不是真的毫无顺序。
(3) ArrayList 内部是数组结构,因此查询效率更高;LinkedList 内部是链表结构,因此插入和删除数据效率更高。
(4) 实际项目开发过程中,ArrayList 使用频率更高,这是因为项目中查询操作远远多于插入和删除操作。

练 习 题

一、选择题

1. 下面的类或者接口中,不属于集合框架的是(   )。
   A. java.util.Collections   B. java.util.Map
   C. java.util.List   D. java.util.Set
2. 下列不是继承 Collection 接口的是(   )。
   A. List   B. Set   C. Map   D. Queue
3. (多选)下列选项中关于使用泛型创建集合对象的格式正确的是(   )。
   A. Collection c = new ArrayList<>();
   B. Collection<> c = new ArrayList<>();
   C. Collection<String> c = new ArrayList<>();
   D. Collection<String> c = new ArrayList<String>();
4. Map 集合中添加元素的正确方法是(   )。
   A. put(K key,V value)   B. add(K key,V value)
   C. append(K key,V value)   D. get(K key,V value)
5. 以下不允许存入 null 值的集合是(   )。
   A. HashMap   B. HashSet   C. TreeSet   D. ArrayList

二、填空题

1. 集合主要由_____和_____两个接口派生而来。
2. List 和 Set 都实现了_____接口。
3. _____是有序集合,_____是无序集合。
4. Map 集合中的键(key)具有_____性。
5. HashMap 允许_____和_____都是 null。

三、编程题

1. 有如下代码。

```
import java.util.*;
public class TestList{
    public static void main(String args[]){
        List<String> list = new ArrayList<String>();
        list.add("Hello");
        list.add("World");
        list.add(1,"Learn");
        list.add(1,"Java");
        printList(list);
    }
    public static void printList(List list){
        ①
    }
}
```

要求：
(1) 把①处的代码补充完整，要求输出 list 中所有元素的内容。
(2) 写出程序执行的结果。
2. 给定一个字符串"Java Programming"，要求如下。
(1) 统计每一个字母出现的次数。
(2) 对字母按照自然顺序进行排序。
以上需使用集合框架进行编程完成。

第 9 章 I/O 流

本章学习目标

- 熟练掌握 File 类及其用法。
- 熟练掌握操作字节流和字符流读写文件。
- 熟悉常见的字符编码。
- 熟悉对象序列化和反序列化。
- 了解打印流、对象流、序列流等。

9.1 I/O 流概述

9.1.1 I/O 流介绍

I/O 流即输入输出流,是对数据源节点和目标节点的抽象,能被程序连续读取数据的数据源和能被程序写出数据的接收端就是流。

流机制在 Java 中是一个重要的机制,开发人员通过控制流在 Java 程序中自由地读取文件、网络以及其他程序等这些外部设备的数据,同时也可以方便地将 Java 程序中的数据存储在这些外部设备中。可以将流形象地理解为 Java 程序与外部设备之间进行数据传输的"管道",如图 9.1 所示。

图 9.1 I/O 流示意

9.1.2 I/O 流分类

I/O 流有很多种,根据数据的流向可分为输入流和输出流,根据处理数据单位的不同可分为字节流和字符流,如表 9.1 所示。

表 9.1 流的分类

分 类	字 节 流	字 符 流
输入流	InputStream	Reader
输出流	OutputStream	Writer

从表 9.1 中可以看出，根据数据操作单位以及流向，可以将流分为字节输入流、字节输出流、字符输入流、字符输出流四大类别。java.io 包提供了 40 多个关于 I/O 流的类，都继承自上面的四个类，即 InputStream 类是所有字节输入流的父类，OutputStream 类是所有字节输出流的父类，Reader 类是所有字符输入流的父类，Writer 是所有字符输出流的父类。

上述四大流类根据数据读写处理过程的不同，又分为节点流和处理流。接下来会详细讲解这些流的使用。

9.2 字符编码

计算机只能识别二进制数据，数据在计算机中存储、在网络中传输也都是以二进制形式进行的，因此不同国家的文字在进行存储和传输时都需要进行转换，形成统一的数字表示，这个过程就是字符编码。

9.2.1 字符集概述

将特定的文字使用数字来表示，并一一对应形成一张表，这就是编码表。编码表是一种可以被计算机识别的特定的字符集，针对不同的文字，每个国家都制定了自己的编码表。

9.2.2 常见字符集

常见的字符集如表 9.2 所示。

表 9.2　常见的字符集

字符集名称	描述
ASCII	ASCII（American standard code for information interchange）即美国信息交换标准代码，是基于拉丁字母的一套计算机编码系统，主要用于显示现代英语和其他西欧语言。它是最通用的信息交换标准，等同于国际标准 ISO/IEC 646。ASCII 定义了 0～127 共 128 码位，其字符集序号与存储的编码完全相同
ISO-8859-*	西欧国家在 ASCII 的基础上对剩余的码位做了扩展，形成了一系列的 ISO-8859-* 的标准。例如，为英语做了专门扩展的字符集编码标准，编号为 ISO-8859-1，也叫作 Latin-1
Unicode	国际标准组织于 1984 年成立工作组，对各国文字、符号进行统一性编码。Unicode 采用 16 位编码体系，其字符集内容与 ISO 10646 的 BMP（basic multilingual plane）相同。一个字母或一个汉字使用 Unicode 编码后占用的空间大小都是一样的，都是两个字节
GB2312	GB2312 字符集是中文简体字集，全称为 GB2312—1980 字集，一共包括国标简体汉字 6763 个
GBK	GBK 字符集包括 GB 字集、BIG5 字集和一些符号，一共 21003 个字符，GBK 编码是 GB2312 编码的超集，完全包含 GB2312，同时 GBK 还包含 Unicode 中所有的 GJK 汉字
UTF-8	针对 Unicode 的一种可变长度字符编码，用来表示 Unicode 标准中的任何字符，其编码中的第一个字节仍与 ASCII 相容，使得原来处理 ASCII 字符的软件只需进行少部分修改（甚至无须修改）后，便可继续使用。UTF-8 对英文字母使用 1 个字节，对汉字使用 3 个字节来进行编码。UTF-8 包含全世界各个国家需要用的字符，是一种国际编码，通用性很强，是应用开发中最常见的编码

9.2.3 编码和解码

在 Java 程序中通过 I/O 流读取外部设备数据或者将数据保存到外部设备时，有可能会出现乱码的情况。出现乱码通常都是因为编码字符集与解码字符集不统一导致的，例如，在 Java 程序中的字符串使用的是 GBK 对字符串进行编码，通过 I/O 流保存到文件时使用的是 UTF-8 进行解码存储，文件中存储的字符串就会出现乱码。

【例 9.1】 字符编码和解码。

```java
public class EncodedDemo {
    public static void main(String[] args) throws UnsupportedEncodingException {
        String str = "Java程序设计";
        //分别使用 GBK 和 UTF-8 对字符串进行解码
        byte[] bytes1 = str.getBytes("GBK");
        byte[] bytes2 = str.getBytes("UTF-8");
        //分别使用 GBK 和 UTF-8 对 bytes1 进行编码并输出
        System.out.println(new String(bytes1,"GBK"));
        System.out.println(new String(bytes1,"UTF-8"));
        //分别使用 GBK 和 UTF-8 对 bytes2 进行编码并输出
        System.out.println(new String(bytes2,"GBK"));
        System.out.println(new String(bytes2,"UTF-8"));
    }
}
```

程序运行结果如图 9.2 所示。

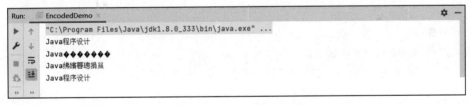

图 9.2 例 9.1 的运行结果

如图 9.2 所示，对 bytes1 进行 GBK 编码输出正常、进行 UTF-8 编码输出出现乱码，对 bytes2 进行 GBK 编码输出出现乱码、进行 UTF-8 编码输出正常。分析运行结果可知，使用相同字符集进行解码和编码可以保证字符串正确输出，反之则出现乱码情况。

9.3 File 类

java.io 包中定义的大多数 I/O 流类都是对文件内容进行操作的，File 类是 java.io 包中定义的用来描述文件和目录的类。

File 类是系统文件和目录的抽象表示，提供了多个用于对文件和目录的操作方法，通过调用这些方法能够完成创建文件、删除文件、重命名文件、判断文件是否存在,以及判断文件读写权限、获取文件创建时间等操作,同时还可以对目录进行对应的操作。

9.3.1 File 类构造方法

File 类是对文件或目录的抽象,一个 File 类对象表示一个具体的文件或目录,通过对 File 对象的操作可以实现对文件或目录的操作。File 类提供了四个构造方法来创建 File 对象,如下所示。

```
//通过文件或目录的完成路径或名字创建 File 对象
public File(String pathname)
//创建指定父目录下指定文件名的 File 对象
public File(File parent, String child)
//创建通过字符串指定的父目录下指定文件名的 File 对象
public File(String parent,String child)
//通过将给定的 URI 转换为抽象路径名来创建新的 File 实例
public File(URI uri)
```

【例 9.2】 File 构造方法演示示例。

```
public class FileConstructorDemo {
    public static void main(String[] args) {
        //创建 file1 对象
        File file1 = new File("D:/mydir/a.txt");
        //创建 file2 对象
        File dir = new File("D:/mydir");
        File file2 = new File(dir, "b.txt");
        //创建 file3 对象
        File file3 = new File("D:/mydir", "c.txt");
        //创建 file4 对象
        URI uri = URI.create("file:///D:/mydir/d.txt");
        File file4 = new File(uri);
    }
}
```

例 9.2 一共创建了四个 File 对象,file1 对象是通过完整的文件路径字符串创建的;file2 是通过 dir 父目录对象和文件名创建的;file3 是直接通过父目录字符串和文件名创建的;file4 则是先创建标识文件位置的 URI 对象,然后基于 URI 对象创建的。

在 File 类的构造方法中,String 类型的文件名或路径可以使用斜杠"/"或双反斜杠"\\"来分割,例如,路径可以写作"D:/mydir/a.txt",也可以写作"D:\\mydir\\a.txt"。

9.3.2 File 类常用方法

File 类提供了一些用于文件操作、目录操作的相关方法,其常用方法如表 9.3 所示。

表 9.3　File 类常用方法

方　　法	说　　明
public boolean isFile()	判断当前 File 对象是否是文件
public boolean isDirectory()	判断当前 File 对象是否是目录
public boolean exists()	判断当前 File 对象是否是存在
public boolean createNewFile()	创建当前 File 指向的新文件
public String getName()	返回当前 File 对象表示的文件名
public String getPath()	返回当前 File 对象表示的文件路径
public String getAbsolutePath()	返回当前 File 对象表示的文件的绝对路径
public long length()	返回当前 File 对象表示的文件长度
public long lastModified()	返回当前 File 对象表示的文件的最后修改时间
public boolean canRead()	判断当前 File 对象表示的文件是否可读
public boolean setReadable(boolean readable)	设置当前 File 对象表示的文件是否可读
public boolean canWrite()	判断当前 File 对象表示的文件是否可写
public boolean setWritable(boolean writable)	设置当前 File 对象表示的文件是否可写
public boolean isHidden()	判断当前 File 对象表示的文件是否为隐藏
public String getParent()	返回当前 File 对象表示的文件的父目录路径
public File getParentFile()	返回当前 File 对象表示的文件的父目录对象
public boolean delete()	删除当前 File 对象表示的文件或目录
public boolean mkdir()	创建当前 File 对象表示的目录
public boolean mkdirs()	创建当前 File 对象表示的多级目录
public String[] list()	返回当前 File 对象表示的目录下的子文件名
public String[] list(FilenameFilter filter)	返回当前 File 对象表示的目录下满足特定过滤条件的子文件名
public File[] listFiles()	返回当前 File 对象表示的目录下的子文件对象
public File[] listFiles(FilenameFilter filter)	返回当前 File 对象表示的目录下满足特定过滤条件的子文件对象

【例 9.3】　File 类常用方法的使用。

```
public class FileMethodDemo {
    public static void main(String[] args) {
        //在 d 盘创建 mydir 目录,在 mydir 目录新建 test.txt 文件,文件内容为 a~z 共 26 个字母
        //创建 File 对象 file,表示 d:/mydir/test.txt 文件
        File file = new File("d:/mydir/test.txt");
        //判断文件或目录是否存在
        boolean isExist = file.exists();
        System.out.println("文件是否存在:"+isExist);
        //判断 file 是否表示一个文件
        System.out.println("是否是文件:"+file.isFile());
        //判断 file 是否表示一个目录
        System.out.println("是否是目录:"+file.isDirectory());
        //获取文件名
```

```java
            System.out.println("文件名为:"+file.getName());
            //获取文件路径(创建file使用的是绝对路径,此处获取也为绝对路径)
            System.out.println("文件路径为:"+file.getPath());
            //获取文件绝对路径
            System.out.println("文件绝对路径为:"+file.getAbsolutePath());
            //获取当前文件内容长度
            System.out.println("文件内容长度为:"+file.length());
            //获取文件最后修改时间
            System.out.println("文件最后修改时间:"+file.lastModified());
            //判断文件是否可读
            System.out.println("文件是否可读:"+file.canRead());
            //判断文件是否可写
            System.out.println("文件是否可写:"+file.canWrite());
            //设置文件(不)可读
            file.setReadable(true);
            //设置文件(不)可写
            file.setWritable(false);
            //判断文件是否为隐藏文件
            System.out.println("文件是否隐藏:"+file.isHidden());
            //获取文件的父目录路径
            System.out.println("文件父目录路径:"+file.getPath());
            //删除当前文件
            boolean b = file.delete();
            System.out.println("删除文件:"+b);
        }
    }
```

程序运行结果如图9.3所示。

```
Run:    FileMethodDemo ×
    "C:\Program Files\Java\jdk1.8.0_333\bin\java.exe" ...
    文件是否存在: true
    是否是文件: true
    是否是目录: false
    文件名为: test.txt
    文件路径为: d:\mydir\test.txt
    文件绝对路径为: d:\mydir\test.txt
    文件内容长度为: 26
    文件最后修改时间: 1673602812231
    文件是否可读: true
    文件是否可写: true
    文件是否隐藏: false
    文件父目录路径: d:\mydir\test.txt
    删除文件: true

    Process finished with exit code 0
```

图 9.3　例 9.3 的运行结果

9.3.3　目录遍历

在文件操作中,遍历目录是很常见的操作,使用File类中提供的list()方法可以实现目录的遍历。目录遍历的代码示例如例9.4所示。

【例 9.4】 目录的遍历。

```
public class FileListDemo {
    public static void main(String[] args) {
        //创建 File 对象,指向 D 盘下名为 file 的目录
        File file = new File("D:\\file");
        //判断 file 对象是否存在且为目录
        if(file.exists() && file.isDirectory()){
            //获取当前目录下所有的文件名
            String[] fileNames = file.list();
            //遍历输出文件名
            for (int i = 0; i < fileNames.length; i++) {
                System.out.println(fileNames[i]);
            }
        }
    }
}
```

运行结果如图 9.4 所示。

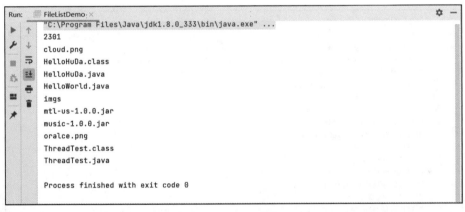

图 9.4　例 9.4 的运行结果

在例 9.4 中,先创建一个 File 对象指向"D:\\file"目录,然后判断 file 目录是否存在并且为一个目录,条件成立则调用 File 类的 list 方法获取 file 对象表示的目录中的子文件及子目录名称,并以数组形式返回,最后遍历 String 数组输出 file 目录中的子文件和子目录名称。

在图 9-4 的输出结果中,"2301"和"imgs"是 file 对象目录中的子目录,如果需要继续遍历出 file 目录中子目录下的文件,则需要用到 File 类的 listFiles 方法结合递归调用进行实现,如例 9.5 所示。

【例 9.5】 递归实现文件目录遍历。

```
public class FileListDemo2 {
    public void dirList(File file){
        if(file.exists() && file.isDirectory()){    //判断 file 是否存在且是否为目录
```

```java
            File[] files = file.listFiles();        //如果是目录,则获取目录下所有子
                                                    //  文件、子目录
            for (File f: files) {                   //遍历子文件、子目录
                dirList(f);                         //进行递归调用
            }
        }else{
            System.out.println(file.getAbsolutePath());   //如果是文件,则输出文
                                                          //  件绝对路径
        }
    }

    public static void main(String[] args) {
        File file = new File("D:\\file");
        FileListDemo2 fileListDemo2 = new FileListDemo2();
        fileListDemo2.dirList(file);
    }
}
```

运行结果如图 9.5 所示。

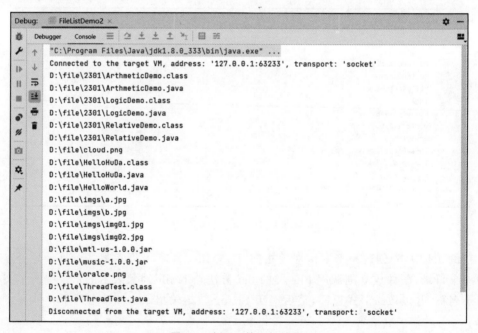

图 9.5　例 9.5 的运行结果

在例 9.5 中,先对 dirList(File file)中的 file 对象进行判断,如果存在且为目录,则获取目录下的子文件、子目录并进行递归调用,如果是文件则直接输出绝对路径。

9.3.4　文件过滤

在例 9.4 中获取了目录下所有的子文件、子目录,但是有些业务场景下只需要从目录中获取满足特点条件的数据,例如只遍历后缀名为".java"的文件,这就需要使用 File 类中提

供的 list(FilenameFilter filter)方法，通过设置文件名过滤器来实现。

【例 9.6】 文件过滤示例。

```java
public class FilenameFilterDemo {
    public static void main(String[] args) {
        //创建 File 对象,指向 D 盘下名为 file 的文件夹
        File file = new File("D:\\file");
        //判断 file 对象是否存在且为目录
        if(file.exists() && file.isDirectory()){
            //创建文件名过滤器
            FilenameFilter filenameFilter = new FilenameFilter(){
                @Override
                public boolean accept(File dir, String name) {
                    if(name.endsWith(".java")){    //如果当前文件名 name 以".java"结尾
                        return true;                //则返回 true,即为过滤器放行
                    }else {
                        return false;
                    }
                }
            };
            //获取当前目录下所有的文件名
            String[] fileNames = file.list(filenameFilter);
            //遍历输出文件名
            for (int i = 0; i < fileNames.length; i++) {
                System.out.println(fileNames[i]);
            }
        }
    }
}
```

程序运行结果如图 9.6 所示。

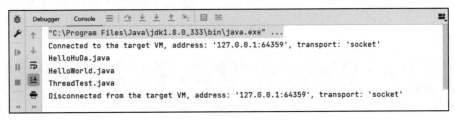

图 9.6　例 9.6 的运行结果

例 9.6 中通过匿名内部类的形式创建 FilenameFilter 文件名过滤器对象，然后作为参数传递到 list 方法中，list 方法在获取目录中的子文件时则按照 FilenameFilter 对象指定的过滤规则判定文件是否过滤，最终返回满足过滤规则的文件名列表。

9.3.5　删除文件及目录

在 File 类中还提供了 delete 方法用于删除文件或目录。

【例 9.7】 文件及目录的删除。

```java
import java.io.File;
public class FileDeleteDemo {
    public static void main(String[] args) {
        //创建 file1 对象,指向文件
        File file1 = new File("D:\\file\\cloud.png");
        //删除文件
        boolean b1 = file1.delete();
        System.out.println("删除 file1 文件:"+b1);
        //创建 file2 对象,指向目录
        File file2 = new File("D:\\file\\2301");
        boolean b2 = file2.delete();
        System.out.println("删除 file2 目录:"+b2);
    }
}
```

运行结果如图 9.7 所示。

图 9.7 例 9.7 的运行结果

在例 9.7 中,file1 对象表示文件,用 file1 对象调用 delete 方法,表示删除 file1 指向的文件。file2 表示目录,用 file2 对象调用 delete 方法,表示删除 file2 指向的目录。

> **注意**
> 只有当文件夹(目录)中没有文件时,才能被删除;如果文件夹中有文件或子文件夹,则不能直接被删除。

9.4 字 节 流

在计算机中,所有文件中的数据都能以字节形式进行存储。在 Java 的 I/O 中提供了一系列对字节进行操作的流,这些流统称为字节流。用于将文件中的数据读取出来的字节流称为字节输入流,用于将数据保存到文件中的字节流称为字节输出流。

字节流.mp4

9.4.1 字节输入流

InputStream 类是一个抽象类,是所有字节输入流的父类。InputStream 类提供了一些用于以字节形式读取数据的方法,如表 9.4 所示。

表 9.4 InputStream 类的方法

方 法	说 明
public int available()	返回字节输入流可读取的字节数
public void close()	关闭字节输入流
public void mark(int readlimit)	在字节输入流的当前位置进行标记(对支持标记的流有效)
public boolean markSupported()	判断当前字节输入流是否支持标记
public abstract int read()	从字节输入流读取一个字节
public int read(byte[] b)	从字节输入流读取多个字节,存储在缓冲区字节数组中,返回读取的字节数,若未读取到数据则返回 −1
public int read(byte[] b, int off, int len)	从字节输入流读取最多 len 个字节,存储在缓冲区字节数组中,从 off 位置开始存放,返回读取到的字节数
public void reset()	将字节输入流重置到最后一次执行 mark 的位置
public long skip(long n)	从字节输入流的当前位置跳过指定的字节数

在表 9.4 中,用于读取字节数据的主要是名为 read 的三个重载方法,int read() 一次读取一个字节,int read(byte[] b) 和 int read(byte[] b, int off, int len) 则是一次读取多个字节并缓存到字节数组中。当操作完成后,需要调用 close() 关闭字节输入流。

因为 InputStream 类是抽象类,不能直接实例化,所以通常都是通过其子类来完成具体的字节输入操作,InputStream 类的常用子类如图 9.8 所示。

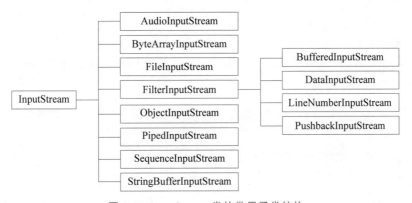

图 9.8 InputStream 类的常用子类结构

从图 9.8 中可以看出,InputStream 类提供了多个子类,这些子类都继承了 InputStream 类的 read 等方法,用于以字节形式读取数据,同时这些子类也对 InputStream 类进行了扩展,提供了更多针对不同数据的读取操作。InputStream 类的子类都以"***InputStream"格式进行命名。

FileInputStream 类是 InputStream 子类中最为常用的一个类,用于以字节的形式从文件中读取数据,下面以 FileInputStream 类为例讲解字节输入流的使用。首先在 D 盘中新建一个文本文件,命名为 test.txt,文件内容为"Hello,Java!",然后使用 FileInputStream 类读取文件中的数据。

【例 9.8】 字节输入流的使用。

```java
import java.io.FileInputStream;
import java.io.IOException;
public class FileInputStreamDemo {
    public static void main(String[] args) {
        FileInputStream fileInputStream = null;
        try {
            //创建文件字节输入流 FileInputStream 对象,指向 D 盘 test.txt 文件
            fileInputStream = new FileInputStream("D:\\test.txt");
            //定义变量 len 存放每次读取的字节数
            int len = -1;
            //创建字节数组存储读取的字节数据
            byte[] buff = new byte[30];
            //使用 FileInputStream 对象调用 read 方法读取数据
            len = fileInputStream.read(buff);
            //输出读取的字节数组中的数据
            String str = new String(buff);
            System.out.println(str);
        } catch (IOException e) {
            e.printStackTrace();
        } finally {
            try {
                fileInputStream.close();
            } catch (IOException e) {
                e.printStackTrace();
            }
        }
    }
}
```

运行结果如图 9.9 所示。

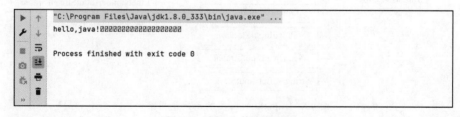

图 9.9 例 9.8 的运行结果

在例 9.8 中,首先创建了 FileInputStream 对象,指向要读取的文件,如果文件不存在则会抛出 FileNotFoundException 异常。然后使用 FileInputStream 对象调用 read(byte[] b) 会从文件中读取数据直至数组存满或文件读完。在此示例中,test.txt 文件中的数据有 11 个字节,数组 buff 长度为 30,因此 buff 字节数组后 19 个字节默认存储数据为 0,字节 0 转换成字符为'\u0000',控制台不能输出显示,因此将 buff 转换成字符串输出,如图 9.9

所示。

当文件中的字节数超过数组长度,则可以通过循环多次读取完成整个文件内容的读取操作,通过 FileInputStream 循环读取文件代码实现。接下来通过一个示例实现文件内容读取,首先在 D 盘创建 test.txt 文件,并写入如下内容。

```
Hello Java,
Hello World,
Hello ABC
```

然后,使用 FileInputStream 循环读取 test.txt 文件内容,详细代码如例 9.9 所示。

【例 9.9】 字节流循环读取文件内容。

```java
import java.io.FileInputStream;
import java.io.IOException;
public class FileInputStreamDemo2 {
    public static void main(String[] args) {
        FileInputStream fileInputStream = null;
        try {
            //创建文件字节输入流 FileInputStream 对象,指向 D 盘 test.txt 文件
            fileInputStream = new FileInputStream("D:\\test.txt");
            //定义变量 len 存放每次读取的字节数
            int len = -1;
            //创建字节数组存储读取的字节数据
            byte[] buff = new byte[30];
            //循环读取文件数据
            while((len = fileInputStream.read(buff))!=-1){
                //System.out.write(buff, off, len)方法,指定输出字节数组 buff 从 off
                    索引开始 len 个字节
                System.out.write(buff,0,len);
            }
            System.out.println();
        } catch (IOException e) {
            e.printStackTrace();
        } finally {
            try {
                fileInputStream.close();
            } catch (IOException e) {
                e.printStackTrace();
            }
        }
    }
}
```

程序运行结果如图 9.10 所示。

例 9.9 使用了循环读取文件数据,将 buff 字节数组数据输出时,调用了 System.out.write(byte[] buff, int off, int len)方法。此方法的功能是输出 buff 字节数组中从 off 索引开始共 len 个字节的数据,len 是读取到的字节数,表示读取到的字节数,因此无论 buff 数组多长,都可以只输出读取的数据。

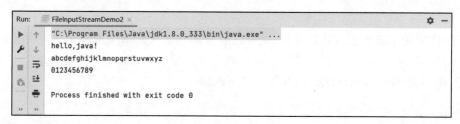

图 9.10　例 9.9 的运行结果

9.4.2　字节输出流

OutputStream 类是所有字节输出流的父类，用于将数据以字节的形式输出到文件、网络或其他程序。OutputStream 类提供了多个方法用于输出数据，相关方法如表 9.5 所示。

表 9.5　OutputStream 类的方法

方　　法	说　　明
public void close()	关闭字节输出流
public void flush()	刷新此字节输出流的缓冲区
public void write(byte[] b)	通过字节输出流输出指定的字节数组中的数据
public void write(byte[] b, int off, int len)	通过字节输出流输出字节数组中从 off 索引开始共 len 个字节数据
public abstract void write(int b)	通过字节输出流输出指定的 1 个字节数据

OutputStream 类也是一个抽象类，针对不同数据的输出操作也是由其提供的子类来完成的，OutputStream 类的常用子类如图 9.11 所示。

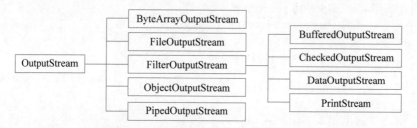

图 9.11　OutputStream 类的常用子类结构

OutputStream 类的子类名称都是"＊＊＊OutputStream"，这些子类都继承了 OutputStream 类中用于以字节形式输出的 write 方法，不同的子类也进行了封装或扩展，以实现对不同类型数据的操作。FileOutputStream 类用于实现以字节形式对文件进行的写操作，下面通过一个示例演示如何通过 FileOutputStream 类将数据写入文件，如例 9.10 所示。

【例 9.10】　通过 FileOutputStream 类将数据写入文件。

```
import java.io.FileOutputStream;
import java.io.IOException;
public class FileOutputStreamDemo {
```

```java
        public static void main(String[] args) {
            FileOutputStream fileOutputStream = null;
            try {
                //定义要存储到文件中的数据
                //也可以使用 Scanner 类从控制台读取一个字符串
                String data = "Hello,Java!";
                //将字符串转换成字节数组
                byte[] buff = data.getBytes();
                //创建 FileOutputStream 对象,指向 D:\test2.txt 文件
                //如果文件路径不存在,则会先创建此文件
                fileOutputStream = new FileOutputStream("D:\\test2.txt");
                //使用 FileOutputStream 对象对象调用 write(byte[] b)方法
                //将字节数组的数据写到文件中
                fileOutputStream.write(buff);
            } catch (IOException e) {
                e.printStackTrace();
            } finally {
                try {
                    //关闭文件字节输出流
                    fileOutputStream.close();
                } catch (IOException e) {
                    e.printStackTrace();
                }
            }
        }
    }
```

运行程序之后,在控制台没有输出,打开计算机 D 盘会发现创建了 test2.txt 文件,打开文件显示内容如图 9.12 所示。

图 9.12 例 9.10 运行生成的文件

在例 9.10 中,首先创建 FileOutputStream 对象指向输出目标文件,如果文件不存在则会先创建文件,再将对应的数据输出到文件中,文件存在则会覆盖文件中原有的内容。如果需要在文件中追加内容,则在创建 FileOutputStream 文件字节输出流对象时,需要将 FileOutputStream(String name,boolean append)构造方法第二个参数设置为 true,指定为追加模式。

9.4.3 字节流文件复制

FileInputStream 和 FileOutputStream 是两个很常用的字节流类,FileInputStream 类可以读取文件数据,FileOutputStream 类可以输出数据到文件中,结合两者的使用可以实现文件的复制,下面通过一个示例演示使用 FileInputStream 和 FileOutputStream 实现文

件复制。首先在 D 盘创建名为"src.txt"的文件,编辑文件内容如下。

```
Java 程序设计
Java Web 开发
Java 开源框架
```

创建文件完成后,编写程序代码如例 9.11 所示。

【例 9.11】 字节流实现文件的复制。

```java
import java.io.FileInputStream;
import java.io.FileOutputStream;
import java.io.IOException;
public class FileCopyByByteStreamDemo {
    public static void main(String[] args) throws IOException {
        //创建 FileInputStream 对象指向 D:\\src.txt,用于读取源文件数据
        FileInputStream fileInputStream = new FileInputStream("D:\\src.txt");
        //创建 FileOutputStream 对象执行 D:\\dest.txt,用于输出数据到目标文件
        FileOutputStream fileOutputStream = new FileOutputStream("D:\\dest.txt");
        //定义 len 记录每次读取的字节数
        int len = -1;
        //定义字节数组用于存储读取的文件的数据
        byte[] buff = new byte[100];
        //循环读取源文件
        while( (len = fileInputStream.read(buff))!=-1){
            //将读取到 buff 的字节输出到目标文件
            fileOutputStream.write(buff,0,len);
        }
        System.out.println("文件复制完毕!");
        //关闭字节流
        fileOutputStream.close();
        fileInputStream.close();
    }
}
```

程序运行之后控制台输出"文件复制完毕!",在 D 盘会生成"d:\\dest.txt",打开此文件内容如图 9.13 所示。

图 9.13 文件复制生成的 dest.txt 文件

在例 9.11 中,读取源文件调用的是 FileInputStream 类中的 read(byte[] b)方法,使用字节数组作为缓冲区一次读取多字节。当然也可以调用 read 方法一次读取一字节,不过这种方式会导致 I/O 读写次数增多,降低文件复制的效率。由此可以看出,使用字节数组作

为缓冲区可以提高 I/O 流的效率。

9.4.4 字节缓冲流

在字节流中还有一组字节缓冲流：字节输入缓冲流 BufferedInputStream 类和字节输出缓冲流 BufferedOutputStream 类。BufferedInputStream 和 BufferedOutputStream 分别对 InputStream 和 OutputStream 进行动态扩展，在执行读写操作时提供了缓冲区功能，如图 9.14 所示。

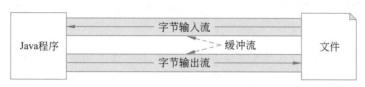

图 9.14 缓冲流示意

从图 9.14 可以看出，实际完成数据读写操作的还是 FileInputStream 和 FileOutputStream，也称为节点流。在节点流之外，封装着一层缓冲流，缓冲流是对一个已经存在的流的封装。接下来通过文件复制的示例演示缓冲流 BufferedInputStream 和 BufferedOutputStream 的使用，如例 9.12 所示。

【例 9.12】 字节缓冲流实现文件读写的功能。

```java
import java.io.*;
public class BufferedStreamDemo {
    public static void main(String[] args) throws IOException {
        //创建 FileInputStream 对象指向 D:\\src.txt,用于读取源文件数据
        FileInputStream fileInputStream = new FileInputStream("D:\\src.txt");
        //创建 FileOutputStream 对象执行 D:\\dest2.txt,用于输出数据到目标文件
        FileOutputStream fileOutputStream = new FileOutputStream("D:\\dest2.txt");
        //将 FileInputStream 对象包装成字节输入缓冲流 BufferedInputStream 对象
        BufferedInputStream bufferedInputStream = new BufferedInputStream
        (fileInputStream);
        //将 FileOutputStream 对象包装成字节输出缓冲流 BufferedOutputStream 对象
        BufferedOutputStream bufferedOutputStream = new BufferedOutputStream
        (fileOutputStream);
        //定义 len 记录每次读取的字节
        int len = -1;
        //使用缓冲流完成文件读写复制
        while( (len = bufferedInputStream.read())!=-1){
            //将读取到 buff 的字节输出到目标文件
            bufferedOutputStream.write(len);
        }
        System.out.println("文件复制完毕!");
        //关闭字节流
        bufferedOutputStream.close();
        bufferedInputStream.close();
    }
}
```

程序执行完成之后，在 D 盘打开生成的"dest2.txt"文件，成功完成了文件复制，文件内容如图 9.15 所示。

图 9.15　文件复制生成的 dest2.txt 文件

例 9.12 使用缓冲流进行文件复制，虽然调用 read()和 write(byte b)每次读写一个字节，但是缓冲流自带缓冲区，read()或 write()操作数据时，首先将读写的数据存入缓冲区数组，然后将数组中的数据一次性操作完成，I/O 读写次数并没有增加，因此可以保证较高的读写效率。

9.5　字　符　流

字节流就是以字节的形式读写字节，由于字节是数据存储的最小单元，因此字节流可适用于几乎所有的数据输入、输出场景。除此之外，Java 中还提供了字符流，用于对以字符形式存储的数据进行输入、输出操作。

字符流也有两个抽象的基类，分别是 Reader 和 Writer。Reader 是字符输入流，用于以字符形式读取数据；Writer 是字符输出流，用于以字符形式输出数据。

字符流.mp4

9.5.1　字符输入流

Reader 类是一个抽象类，是所有字符输入流的基类。Reader 类中定义了以字符类型输入数据的一系列方法，Reader 类的方法如表 9.6 所示。

表 9.6　Reader 类的方法

方　　　法	说　　　明
public abstract void close()	关闭字符输入流
public void mark(int readAheadLimit)	在字符输入流的当前位置进行标记
public boolean markSupported()	判断当前字符输入是否支持标记
public int read()	在字符输入流中读取一个字符
public int read(char[] cbuf)	在字符输入流中读取多个字符，存储在字符数组中
public abstract int read(char[] cbuf, int off, int len)	在字符输入流中读取多个字符并存储在字节数组中，从 off 参数指定的索引开始存放，最多读取 len 个字符
public int read(CharBuffer target)	在字符输入流中读取多个字符，存储在指定的字符缓冲区中
public boolean ready()	判断字节输入流是否做好读取准备
public void reset()	让当前字符流重置到最后一次 mark 的位置
public long skip(long n)	从字符输入的当前位置跳过 n 个字符

在 Reader 类的基础上衍生出了很多子类,来实现不同介质数据的字符读取操作,Reader 的常见子类如图 9.16 所示。

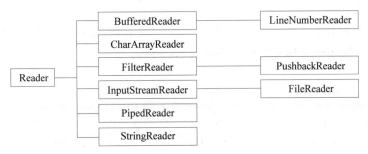

图 9.16　Reader 类的常见子类结构

在 Reader 类的多个子类中,FileReader 是最为常用的子类,用于以字符形式从文件读取数据。下面通过一个使用 FileReader 读取文件字符数据的示例来演示字符输入流的使用。首先在 D 盘根目录创建一个文本文件名为"test.txt",文件内容为"Java 程序设计"。文件创建完成后开始编写代码,如例 9.13 所示。

【例 9.13】　字节流实现文件的读写。

```
import java.io.FileReader;
import java.io.IOException;
public class FileReaderDemo {
    public static void main(String[] args) throws IOException {
        //创建文件字符输入流 FileReader 对象,指向 D:\test.txt 文件
        FileReader reader = new FileReader("D:\\test.txt");
        //创建字符数组,用于存储读取的字符数据
        char[] buff = new char[10];
        //使用 FileReader 对象调用 read(char[] buff)读取数据
        int len = reader.read(buff);
        //输出读取的数据
        System.out.println(buff);
        //关闭字符输入流
        reader.close();
    }
}
```

程序运行结果如图 9.17 所示。

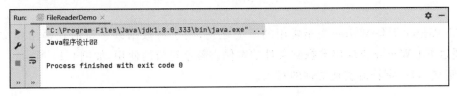

图 9.17　例 9.13 的运行结果

例 9.13 首先创建一个文件字节输入流 FileReader 对象,将文件以参数传入,然后调用 read(char[] cbuf)读取数据,此方法一次读取多个字符存入字符数组中,由于从文件读取字符数为

8个，小于数组长度，因此数组最后 2 个字符为'\u0000'字符，输出到控制台显示乱码。

9.5.2 字符输出流

Writer 类是所有字符输出流的基类，也是一个抽象类，提供了一组用于以字符形式输出数据的方法。Writer 类中定义的方法如表 9.7 所示。

表 9.7　Writer 类的方法

方　　法	说　　明
public Writer append(char c)	将字符拼接到字符输出流
public Writer append(CharSequence csq)	将字符缓存区中的字符拼接到字符输出流
public Writer append(CharSequence csq, int start, int end)	将字符缓存区中从 start 索引开始、end 索引结束的字符拼接到字符输出流
public abstract void close()	关闭字符输出流
public abstract void flush()	刷新字符输出流缓冲区
public void write(char[] cbuf)	将字节数组中的数据输出到字符输出流
public abstract void write(char[] cbuf, int off, int len)	将字节数组中从 off 索引开始、最多 len 个字符输出到字符输出流
public void write(int c)	将一个字符输出到字符输出流
public void write(String str)	将字符串输出到字符输出流
public void write(String str, int off, int len)	将字符串从 off 索引开始、最多 len 个字符输出到字符输出流

Writer 类与 Reader 类相似，也提供了一组子类，这些子类都是以"***Writer"格式命名，Writer 类的子类结构如图 9.18 所示。

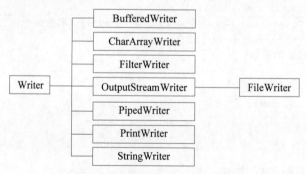

图 9.18　Writer 类的子类结构

FileWriter 类是 Writer 类最常用的子类之一，用于将数据以字符形式输出到文件中。下面通过 FileWriter 类输出数据到文件的案例讲解字符流的使用，如例 9.14 所示。

【例 9.14】　字符流实现文件的写入。

```
public class FileWriterDemo {
    public static void main(String[] args) throws IOException {
        //创建 FileWriter 字符输出流对象,指向目标文件 d:\\test2.txt
        //如果文件不存在,则会创建
```

```
        FileWriter writer = new FileWriter("d:\\test2.txt");
        //使用 FileWriter 对象输出字符串数据到文件中
        writer.write("Java 程序设计");
        //关闭字符输出流
        writer.close();
    }
}
```

运行程序后，在 D 盘会生成"test2.txt"文件，打开文件如图 9.19 所示。

图 9.19　文件复制生成的 test2.txt 文件

例 9.14 首先创建了 FileWriter 字符输出流对象，指向目标文件"D:\\test2.txt"，它和 FileOutputStream 一样，如果目标文件不存在，则会先创建目标文件；然后调用 write (String str)将字符串数据输出到文件。使用 write(String str)会先清空文件中的数据，再将输出的数据写入文件。如果需要保留文件原有的数据，将字符串追加到文件末尾，则可以使用 FileWriter(String name,boolean append)来创建文件字符输出流对象，将参数 append 指定为 true 即可。

9.5.3　字符流文件复制

讲完字符输入流与字符输出流的使用后，接下来可以联合使用 FileReader 以字符形式读取源文件，使用 FileWriter 输出字符数据到目标文件以实现文件的复制。首先在 D 盘创建"src.txt"文件，文件内容如下。

```
Java 程序设计
Java Web 开发
Java 开源框架
```

文件创建完成后，编写字符流文件复制代码，如例 9.15 所示。

【例 9.15】　字符流实现文件的复制。

```
import java.io.FileReader;
import java.io.FileWriter;
import java.io.IOException;
public class FileCopyByCharDemo {
    public static void main(String[] args) throws IOException {
        //创建文件字符输入流 FileReader 对象,指向源文件 D:\\src.txt 文件
        FileReader reader = new FileReader("D:\\src.txt");
        //创建文件字符输出流 FileWriter 对象,指向目标文件 D:\\dest.txt 文件
        FileWriter writer = new FileWriter("D:\\dest.txt");
        //定义 int 变量记录读取字符的个数
```

```
        int len = -1;
        //创建字符数组,用于存储读取的字符数据
        char[] cbuf = new char[10];
        //通过 FileReader 对象循环读取源文件
        while ((len = reader.read(cbuf) )!=-1) {
            //通过 FileWriter 对象将读取数据写入目标文件
            writer.write(cbuf,0,len);
        }
        System.out.println("文件复制结束!");
        //关闭字符流
        writer.close();
        reader.close();
    }
}
```

程序运行之后控制台显示"文件复制结束!",在 D 盘会生成"dest.txt"文件,打开文件显示内容如图 9.20 所示。

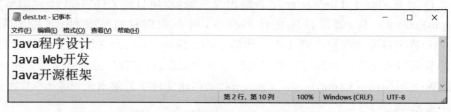

图 9.20　文件复制生成的 dest.txt 文件

例 9.15 首先创建了 FileReader 字符输入流对象,指向源文件 D:\\src.txt,创建文件字符输出流 FileWriter 对象,指向目标文件 D:\\dest.txt 文件。然后创建了一个字符类型的数组 cbuf 作为文件复制的缓冲区,通过重复地读取源文件、输出到目标文件,最终实现文件的字符流复制。

9.5.4　字符缓冲流

字符流也提供了缓冲流,分别是 BufferedReader 类和 BufferedWriter 类。BufferedReader 类是对 Reader 的节点流进行封装,增加了字符缓冲器;BufferedWriter 类则是对 Writer 的节点流进行封装,增加了用于数据输出的缓冲区。接下来通过一个示例演示如何使用缓冲字符流完成文件复制,首先在 D 盘根目录创建文件"src.txt",编辑内容如下。

```
Java 程序设计
Java Web 开发
Java 开源框架
```

然后编写字符缓冲流复制文件的程序,如例 9.16 所示。

【例 9.16】　字符缓冲流实现文件的复制。

```
import java.io.*;
public class BufferedCharDemo {
```

```java
public static void main(String[] args) throws IOException {
    //创建文件字符输入流 FileReader 对象,指向源文件 D:\\src.txt 文件
    FileReader reader = new FileReader("D:\\src.txt");
    //创建文件字符输出流 FileWriter 对象,指向目标文件 D:\\dest.txt 文件
    FileWriter writer = new FileWriter("D:\\dest2.txt");
    //创建字符输入缓冲流 BufferedReader 对象
    BufferedReader bufferedReader = new BufferedReader(reader);
    //创建字符输出缓冲流 BufferedWriter 对象
    BufferedWriter bufferedWriter = new BufferedWriter(writer);
    //通过字符输入缓冲流 BufferedReader 对象调用 readLine()读取源文件
    String str = null;
    while((str = bufferedReader.readLine())!=null){
        //通过字符输出缓冲流输出一个字符串
        bufferedWriter.write(str);
        //输出换行
        bufferedWriter.newLine();
    }
    System.out.println("文件复制结束!");
    //关闭流,释放资源
    bufferedWriter.close();
    bufferedReader.close();
}
```

运行程序,程序结束后在控制台打印"文件复制结束!",同时打开 D 盘,在 D 盘根目录生成"dest2.txt"文件,打开此文件显示内容如图 9.21 所示。

图 9.21 文件复制生成的 dest2.txt 文件

例 9.16 读取文件时调用了字符输入缓冲流 BufferedReader 扩展的 readLine 方法,一次读取一行字符数据;在输出文件时调用了字符输出缓冲流 BufferedWriter 的 write(String str)一次输出一个字符串,然后调用 newLine 方法输出换行符号到文件中。

因为 BufferedWriter 是字符串输出缓冲流,当调用 write(String str)后实际并没有立即将数据写入文件中,而是先写到了缓冲区,当缓冲区写满时或调用 close 方法关闭流时,才会将缓冲区中的数据写进文件。

9.5.5 转换流

有些开发场景中需要对获取的字节流转换成字符流进行读写操作,JDK 提供了两种可以将字节流转换成字符流的类:InputStremaReader 类和 OutputStreamWriter 类。InputStreamReader 类可以将字节输入流转换成字符输入流,而 OutputStreamWriter 类则

可以将字节输出流转换成字符输出流。转换流在字节流和字符流之间架起了一座桥梁,提高了程序的灵活性。通过转换流进行读写数据的过程如图 9.22 所示。

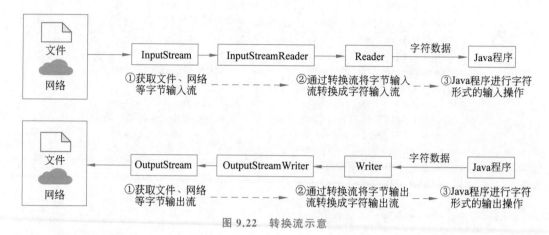

图 9.22　转换流示意

从图 9.22 中可以看出,当获得文件、网络等外部设备的字节流之后,如果对应的数据可以进行字符形式的输入、输出操作,则可以通过转换流将字节流转换成字符流,同时还可以继续将字符流转换成带有缓冲区的字符流进行操作。

下面通过文件复制的示例来演示转换流的使用,首先在 D 盘根目录创建文件"src.txt",编辑内容如下。

```
Java 程序设计
Java Web 开发
Java 开源框架
```

然后编写使用转换流复制文件的程序,如例 9.17 所示。

【例 9.17】　转换流实现文件的复制。

```java
import java.io.*;
public class ConvertDemo {
    public static void main(String[] args) throws IOException {
        //创建文件字节输入流
        FileInputStream fis = new FileInputStream("D:\\src.txt");
        //创建文件字节输出流
        FileOutputStream fos = new FileOutputStream("D:\\dest3.txt");
        //将字节流封装为字符流
        Reader reader = new InputStreamReader(fis);
        Writer writer = new OutputStreamWriter(fos);
        //进一步将字符流包装为带有缓冲区的字符流
        BufferedReader bufferedReader = new BufferedReader(reader);
        BufferedWriter bufferedWriter = new BufferedWriter(writer);
        //通过缓冲字符流实现文件复制
        String str = null;
        while((str = bufferedReader.readLine())!=null){
```

```
            bufferedWriter.write(str);
            bufferedWriter.newLine();
        }
        System.out.println("文件复制结束!");
        //关闭流,释放资源
        bufferedWriter.close();
        bufferedReader.close();
    }
}
```

运行程序,程序结束之后在控制台输出"文件复制结束!",同时打开 D 盘,在 D 盘根目录生成"dest3.txt"文件,打开此文件显示内容如图 9.23 所示。

图 9.23 文件复制生成的 dest3.txt 文件

例 9.17 实现了字节流转换成字符流、字符流转换成带有缓冲字符流,从而实现直接对字符数据的读写操作。

如果文件或网络中存储的数据不允许出现以字符操作的数据,如音频、视频等,则不能转换成字符流进行操作,否则可能造成数据丢失或错误。

9.6 其 他 流

前面几节已经详细介绍了常用 I/O 流的使用,在 Java 的 I/O 流体系中还提供了很多其他 I/O 流,如打印流、标准输入/输出流、对象流、序列流等,接下来对这些流进行详细讲解。

9.6.1 打印流

PrintStream 和 PrintWriter 是 Java I/O 提供的两个打印流,它们分别对 OutputStream 和 Writer 进行封装并进行扩展,提供了更丰富的用于数据输出操作的方法。

PrintStream 类扩展的输出方法如表 9.8 所示。

表 9.8 PrintStream 类扩展的输出方法

方法	说明
public void print(boolean b)	输出一个 boolean 类型值
public void print(char c)	输出一个 char 字符
public void print(char[] s)	输出一个 char 数组
public void print(double d)	输出一个 double 类型值
public void print(float f)	输出一个 float 类型值
public void print(int i)	输出一个 int 类型值
public void print(long l)	输出一个 long 类型值
public void print(Object obj)	输出一个对象,即输出参数对象调用 toString() 的返回值
public void print(String s)	输出一个 String 字符串
public PrintStream printf(String format,Object… args)	输出指定格式字符串,并将可变参数 args 写入格式化字符串
public void println()	输出一个换行符
public void print(boolean b)	输出一个 boolean 类型值,并输出换行
public void print(char c)	输出一个 char 字符,并输出换行
public void print(char[] s)	输出一个 char 数组,并输出换行
public void print(double d)	输出一个 double 类型值,并输出换行
public void print(float f)	输出一个 float 类型值,并输出换行
public void print(int i)	输出一个 int 类型值,并输出换行
public void print(long l)	输出一个 long 类型值,并输出换行
public void print(Object obj)	输出一个对象,并输出换行
public void print(String s)	输出一个 String 字符串,并输出换行

PrintStream 类的使用示例如例 9.18 所示。

【例 9.18】 打印流实现文件的写入。

```java
import java.io.FileOutputStream;
import java.io.IOException;
import java.io.PrintStream;
public class PrintStreamDemo {
    public static void main(String[] args) throws IOException {
        //创建文件字节输出流指向目标文件 d:\print.txt
        FileOutputStream fileOutputStream = new FileOutputStream("d:\\print.txt");
        //将字节输出流封装为 PrintStream 字节打印输出流对象
        PrintStream printStream = new PrintStream(fileOutputStream);
        //调用 PrintStream 类扩展的输出方法
        printStream.println("Java 程序设计");     //输出一个字符串并换行
        printStream.println(1000);                //输出一个整数并换行
        printStream.printf("小明今年%d岁了",12);   //输出格式化字符串,并将参数设置
                                                  //  进格式化字符串
        printStream.println();                    //换行
        printStream.print('a');                   //输出一个字符
```

```
        //关闭流
        printStream.close();
    }
}
```

运行程序后,打开在 D 盘生成的 print.txt 文件。打开文件显示内容如图 9.24 所示。

> Java 程序设计
> 1000 小明今年 12 岁了
> a

图 9.24 例 9.18 的运行结果

从文件中的内容可以看出,例 9.18 使用 PrintStream 打印流成功输出了数据。这里需要注意的是,print 方法与 println 方法的区别在于 print 方法输出数据后不会输出换行符。

PrintWriter 类则是对字符输出流进行了更为丰富的输出方法的扩展,与 PrintStream 的区别在于 PrintWriter 是以字符形式进行数据输出的,这里不多阐述 PrintWriter。

9.6.2 标准输入/输出流

标准输入/输出流是指程序指向控制台用于进行数据输入与输出操作的流,System 类中定义了三个静态常量流对象,用于完成标准输入/输出操作,如表 9.9 所示。

表 9.9 System 类的流对象常量

常 量	功 能
public static final PrintStream err	错误信息输出流
public static final PrintStream out	系统信息输出流
public static final InputStream in	系统信息输入流

从表 9.9 中可以看出,err 和 out 都是 PrintStream 类对象,可以直接调用 PrintStream 类扩展的多种类型数据输出方法将数据输出到控制台。in 则为 InputStream 字节输入流对象,通常会封装为缓冲字符流输入控制台数据。下面通过一个示例演示这三个常量的使用,如例 9.19 所示。

【例 9.19】 控制台数据的输入和输出。

```
import java.io.BufferedReader;
import java.io.IOException;
import java.io.InputStreamReader;
public class StandardIOStreamDemo {
    public static void main(String[] args) {
        //将标准输入流 System.in 封装为字符输入流,并进一步封装为缓冲字符输入流
        InputStreamReader inputStreamReader = new InputStreamReader(System.in);
        BufferedReader reader = new BufferedReader(inputStreamReader);
        //通过 System.out 输出系统提示
        System.out.println("请输入一个整数:");
```

```
        try {
            String s = reader.readLine();           //通过 reader 从控制台读取一行
            int i = Integer.parseInt(s);            //将输入的字符串解析为数字
        } catch (IOException e) {
            System.err.println(e);                  //如果解析错误则通过 err 输出错误信息
        }
    }
}
```

程序运行结果如图 9.25 所示。

图 9.25 例 9.19 的运行结果

在图 9.25 中,程序运行控制台输出提示信息后,输入一个字母 a,然后转换成 int 类型抛出异常,程序执行到 catch 代码块,通过 err 输出错误信息。

9.6.3 对象流

ObjectInputStream 和 ObjectOutputStream 是 Java I/O 提供的针对对象进行输入、输出操作的流。

通过 ObjectOutputStream 类调用 writeObject(Object obj)可以将程序中的 Java 对象保存在文件或其他持久化介质中,这个过程称为对象的序列化。

对象流.mp4

下面通过一个示例演示使用 ObjectOutputStream 类进行对象序列化,如例 9.20 所示。

【例 9.20】 创建 Student 类。

```
import java.io.Serializable;
public class Student implements Serializable {
    private String stuNum;                  //学号
    private String stuName;                 //姓名
    private int stuAge;                     //年龄
    //无参构造方法
    public Student() {
    }
    //重写 ToString 方法
    public String toString() {
        return "Student{" +
                "stuNum='" + stuNum + '\'' +
                ", stuName='" + stuName + '\'' +
```

```
            ", stuAge=" + stuAge +
            '}';
    }
    //全参构造方法
    public Student(String stuNum, String stuName, int stuAge) {
        this.stuNum = stuNum;
        this.stuName = stuName;
        this.stuAge = stuAge;
    }
    //各个属性的 get 和 set 方法
    public String getStuNum() {
        return stuNum;
    }
    public void setStuNum(String stuNum) {
        this.stuNum = stuNum;
    }
    public String getStuName() {
        return stuName;
    }
    public void setStuName(String stuName) {
        this.stuName = stuName;
    }
    public int getStuAge() {
        return stuAge;
    }
    public void setStuAge(int stuAge) {
        this.stuAge = stuAge;
    }
}
```

如果一个类的对象需要完成序列化，即持久存储在文件或磁盘中，需要这个类实现 java.io. Serializable 接口，因此 Student 类的创建应满足以下规则。

（1）实现 java.io. Serializable 接口。

（2）提供无参构造方法。

（3）提供全参数构造方法。

（4）重写 toString 方法。

（5）提供所有属性的 get 和 set 方法。

完成 Student 类的创建以后，编程实现对 Student 对象的持久化操作，如例 9.21 所示。

【例 9.21】 对 Student 对象进行持久化操作。

```
import java.io.FileOutputStream;
import java.io.IOException;
import java.io.ObjectOutputStream;
public class ObjectOutputStreamDemo {
    public static void main(String[] args) throws IOException {
        //使用 Student 全参构造方法创建 2 个 Student 对象
        Student s1 = new Student("1001","小明",20);
```

```
            Student s2 = new Student("1002","小丽",18);
            //创建文件字节输出流,执行目标文件 d:\objs.txt,如果文件不存在会先自动创建
            FileOutputStream fileOutputStream = new FileOutputStream("d:\\objs.txt");
            //将文件字节输出流封装为 ObjectOutputStream 对象
            ObjectOutputStream objectOutputStream = new ObjectOutputStream
    (fileOutputStream);
            //使用 ObjectOutputStream 对象调用 writeObject(Object obj)进行对象序列化
            objectOutputStream.writeObject(s1);
            objectOutputStream.writeObject(s2);
            System.out.println("对象序列化结束!");
            //关闭流
            objectOutputStream.close();
        }
}
```

例 9.21 程序运行后,在控制台输出"对象序列化结束!",同时在 D 盘根目录会生成"objs.txt"文件,文件中存储的是 Java 对象信息,打开之后内容如图 9.26 所示。

图 9.26 例 9.21 对象序列化结果

从图 9.26 中可以看出,对象序列化后存储在文件中是不可知阅读的,这时需要通过 ObjectInputStream 类提供的 readObject()进行对象的反序列化。对象的反序列化即将存储在文件中的对象输入 Java 程序中,如例 9.22 所示。

【例 9.22】 对象的反序列化。

```
import java.io.FileInputStream;
import java.io.IOException;
import java.io.ObjectInputStream;
public class ObjectInputStreamDemo {
    public static void main(String[] args) throws IOException, ClassNotFoundException {
        //创建文件字节输入流 FileInputStream 对象,执行存储 Java 对象的 d:\objs.txt 文件
        FileInputStream fileInputStream = new FileInputStream("d:\\objs.txt");
        //将文件字节输入流封装为 ObjectInputStream 对象
        ObjectInputStream objectInputStream = new ObjectInputStream
    (fileInputStream);
        //调用 readObject()方法读取文件中的对象,因文件中存储的是 Student 对象,可以直
          接转换
        Student o1 = (Student) objectInputStream.readObject();
        Student o2 = (Student) objectInputStream.readObject();
        //打印读取的 Student 对象
        System.out.println(o1);
```

```
            System.out.println(o2);
            //关闭流
            objectInputStream.close();
    }
}
```

程序运行结果如图 9.27 所示。

```
"C:\Program Files\Java\jdk1.8.0_333\bin\java.exe" ...
Student{stuNum='1001', stuName='小明', stuAge=20}
Student{stuNum='1002', stuName='小丽', stuAge=18}

Process finished with exit code 0
```

图 9.27　例 9.22 的运行结果

图 9.27 中运行打印了从"objs.txt"读取的 Student 对象，即通过 ObjectInputStream 类完成了对象的反序列化操作。

在对象序列化过程中，需要注意以下规则。

（1）需要被序列化的对象的类必须实现 java.io. Serializable 接口。
（2）类的包名、类名、属性名、属性类型、属性值可以被序列化。
（3）类中的构造方法、方法、静态属性以及被 transient 关键字修饰的属性不能被序列化。

9.6.4　序列流

假如在程序中有两个字节文件输出流分别指向两个不同的文件，如果一次性读取两个文件的数据呢？Java 提供了 SequenceInputStream 类，可以将多个输入流按顺序连接起来，合并在一起作为一个输入流。当通过这个合并后的输入流来读取数据时，就会按顺序读取两个文件的数据。接下来通过一个示例演示序列流 SequenceInputStream 类的使用。首先在 D 盘根目录两个文本文件"a.txt"和"b.txt"，分别在两个文件中编辑内容，如图 9.28 所示。

图 9.28　两个文件的内容

文件创建完成之后，编写 Sequence InputStream 的使用案例，如例 9.23 所示。

【例 9.23】　使用 Sequence InputStream 有序读取文件并合并。

```
import java.io.FileInputStream;
import java.io.IOException;
import java.io.SequenceInputStream;
public class SequenceInputStreamDemo {
```

```java
        public static void main(String[] args) throws IOException {
            //创建文件字节输入流,指向 d:\\a.txt 文件
            FileInputStream fis1 = new FileInputStream("d:\\a.txt");
            //创建文件字节输入流,指向 d:\\b.txt 文件
            FileInputStream fis2 = new FileInputStream("d:\\b.txt");
            //创建序列流,将 fis1 和 fis2 组合成一个流
            SequenceInputStream sequenceInputStream = new SequenceInputStream
            (fis1, fis2);
            int len = -1;
            byte[] buff = new byte[30];
            //通过序列流读取数据
            while((len = sequenceInputStream.read(buff))!=-1){
                System.out.write(buff,0,len);
            }
            //关闭流
            sequenceInputStream.close();
        }
    }
```

例 9.23 中程序运行结果如图 9.29 所示。

```
"C:\Program Files\Java\jdk1.8.0_333\bin\java.exe" ...
Java程序设计Hello, Java!
Process finished with exit code 0
```

图 9.29 例 9.23 的运行结果

从图 9.29 运行结果可以看出,通过序列流先读取了 a.txt 文件数据,然后继续读取了 b.txt 数据,成功将两个文件的内容合并读取。

本 章 小 结

本章讲解了 Java 输入、输出体系的相关知识,重点是理解输入流、输出流的区别和针对不同开发场景的应用。除了详细讲解的输入、输出流,在 Java I/O 中还包含更多的关于流操作的类,如 RandomAccessFile 类用于文件随机读写、ZipOutputStream 与 ZipInputStream 类用于文件压缩解压等。读者可以基于本章进行扩展性学习。

练 习 题

一、简答题
1. 简述 Java 中流的分类。
2. 简述 Java 对象序列化和反序列化。

3. 解释什么是字符集,并简述常见的三种字符集。
4. 简述什么是标准输入/输出流。
5. 总结字节流、转换流、字符流的使用流程。

二、编程题
1. 使用字节流完成文件复制。
2. 使用字符流完成文件复制。
3. 使用缓冲字符流完成文件复制。
4. 编程实现从控制台不断输入数据存储到指定的文件,控制台输入"stop"结束程序。

第 10 章 多线程

本章学习目标

- 掌握多线程的概念。
- 掌握线程的创建方法。
- 掌握线程的生命周期。
- 掌握同步锁机制。
- 了解线程安全概念。

我们将正在运行的程序称为进程(process)，多核处理器的计算机支持多进程机制，例如，打开浏览器进行网络购物的同时，可以打开音乐播放器听歌。单核处理器的计算机同一时间只能运行单个进程，可以通过时间片轮转调度算法实现表象多进程，用户感官上是多个程序同时执行，实际上同一时间只有一个程序在执行。

在一个进程内部也可以同时运行多个任务，如一个浏览器可以同时执行多个文件的下载任务。我们将在一个进程内部运行的每个任务都称为一个线程(thread)，即一个进程内部可以有多个线程。实际项目开发过程中，需要考虑程序在多用户使用下的场景，多用户在线需要并行完成多个任务，于是在程序开发中需要加入多线程机制，以满足多用户的使用场景。

10.1 Runtime 类与 Process 类

java.lang 包下的 Runtime 类封装了 Java 程序运行时环境，每一个运行中的 Java 程序都有一个对应的 Runtime 对象，通过 Runtime 对象来获取与控制 Java 虚拟机的状态和行为。通过调用 Runtime 类的 gerRuntime 方法可以获得 Runtime 对象，调用代码如下。

```
Runtime rt = Runtime.getRuntime();
```

Runtime 对象是在 Java 程序运行时产生的对象，因此无法用 new 关键字创建它，只能调用 Runtime 类的 gerRuntime 方法来获取它。Runtime 类的常用方法如表 10.1 所示。

表 10.1 Runtime 类的常用方法

方 法 名 称	功 能 描 述
Runtime getRuntime()	获取 Runtime 对象
Process exec(String command)	通过命令执行某个程序，并返回进程对象
void exit(int status)	终止虚拟机

续表

方法名称	功能描述
void gc()	运行垃圾收集器,释放内存
long freeMemory()	返回 Java 虚拟机中的可用内存量
long maxMemory()	返回 Java 虚拟机可被使用的最大内存量
long totalMemory()	返回 Java 虚拟机的内存总量

接下来通过一个示例演示 Runtime 的使用,如例 10.1 所示。

【例 10.1】 使用 Runtime 对象执行 Windows 的记事本程序,观察可用内存大小变化。

```
public static void main(String[] args) {
    try {
        //获取当前 Java 程序的 Runtime 对象
        Runtime rt = Runtime.getRuntime();
        //输出可用内存量(打开记事本之前)
        System.out.println("打开记事本前,空闲内存:" + rt.freeMemory() + "bytes");
        //打开记事本(打开记事本之后)
        Process pr = rt.exec("c:\\windows\\notepad.exe");
        //输出可用内存量
        System.out.println("打开记事本后,空闲内存:" + rt.freeMemory() + "bytes");
    } catch (IOException e) {
        e.printStackTrace();
    }
}
```

程序运行结果如图 10.1 所示。

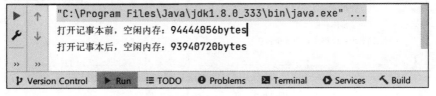

图 10.1 例 10.1 的运行结果

根据例 10.1 的运行结果可以看出,通过 Runtime 对象可以观察打开记事本前后内存大小的变化情况。程序中通过 exec 方法启动了记事本进程,并通过 Process 类型变量接收记事本进程对象。

Process 类可以用来控制进程并获取进程信息,它提供了从进程执行输入、向进程执行输出、等待进程完成、检查进程的退出状态以及销毁(终止)进程的方法。Process 类的常用方法如表 10.2 所示。

表 10.2 Process 类的常用方法

方法名称	功能描述
void destory()	终止进程
InputStream getInputStream()	获取进程的输入流

续表

方法名称	功能描述
OutputStream getOutputStream()	获取进程的输出流
int waitFor()	等待当前进程终止
boolean isAlive()	判断当前进程是否处于活动状态

接下来详细演示 Process 类的使用方法，如例 10.2 所示。

【例 10.2】 执行记事本程序，并等待进程终止。

```java
public static void main(String[] args) {
    try {
        //获取 Runtime 对象
        Runtime rt = Runtime.getRuntime();
        //运行记事本程序，并返回记事本进程对象
        Process pr = rt.exec("c:\\windows\\notepad.exe");
        System.out.println("打开记事本程序");
        int exitValue = pr.waitFor();                    //等待进程终止
        //关闭记事本程序时，执行下面命令
        System.out.println("记事本程序终止,终止值:" + exitValue);
    } catch (IOException e) {
        e.printStackTrace();
    } catch (InterruptedException e) {
        e.printStackTrace();
    }
}
```

程序运行结果如图 10.2 所示。

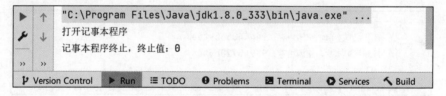

图 10.2 例 10.2 的运行结果

10.2 新建线程

在 Java 程序中通过创建线程来实现多线程并行作业，进而提升程序执行效率。日常开发中，用来创建线程的方式有两种，第一种是实现 Runnable 接口来创建线程，第二种是通过继承 Thread 类来创建线程。以下对两种创建线程的方式进行详细讲解。

新建线程.mp4

10.2.1 继承 Thread 类

Thread 类对象表示程序中执行的线程，在 Java 程序中每一个线程都对应一个 Thread

对象,可以通过 Thread 对象获取线程信息以及操作线程状态,以下详细介绍 Thread 类构造方法(见表 10.3)和常用方法(见表 10.4)。

表 10.3 Thread 类构造方法

方 法 名 称	功 能 描 述
Thread()	创建一个空线程
Thread(Runnable target)	创建一个指定 target 的线程
Thread(Runnable target,String name)	创建一个指定 target 和线程名称的线程
Thread(String name)	创建一个线程并指定线程名称

表 10.4 Thread 类常用方法

方 法 名 称	功 能 描 述
long getId()	获取线程 ID
String getName()	获取线程名称
int getPriority()	获取线程优先级
boolean isAlive()	判断线程是否存活
void sleep(long millis)	休眠线程

通过 Thread 构造方法创建 Thread 对象的过程就是创建线程的过程。以下代码演示线程简单的创建流程。

```java
public static void main(String[] args) {
    //获取当前线程名称
    String name = Thread.currentThread().getName();
    //创建线程,并指定线程名称
    Thread thread = new Thread();
    //获取新线程名称
    String newThreadName = thread.getName();
    //输出
    System.out.println("默认线程名称:" + name);
    System.out.println("新线程名称:" + newThreadName);
    //启动线程
    thread.start();
    if (thread.isAlive()){
        System.out.println("线程"+newThreadName+"处于活动状态");
    }
}
```

程序运行结果如图 10.3 所示。

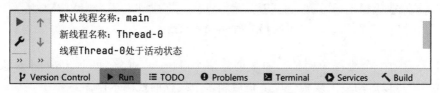

图 10.3 线程简单创建

如图 10.3 所示,通过 Thread.currentThread().getName()语句获取的线程是 main 线程,也叫作主线程,主线程是启动 main 方法默认开启的线程;通过 new Thread()命令创建的线程名称是 Thread-0,通过 start 方法可以启动线程,启动之后的线程处于活动状态,表示线程创建成功。

以上程序只是创建了一个空线程,即没有执行任何业务代码的线程,这样的线程没有实际意义。为了让线程执行有意义,需要指定线程可执行的业务代码。接下来演示一个完整的线程,创建并执行业务代码的流程如下。

步骤 1　创建 MyThread 类继承 Thread 类,并重写 run 方法,run 方法中的代码就是线程需要执行的业务代码。

步骤 2　创建 MyThread 类对象。

步骤 3　通过 start 方法启动线程。

详细代码如下。

```java
//步骤 1,创建 MyThread 集成 Thread 类
class MyThread extends Thread{
    //重写 run 方法
    @Override
    public void run() {
        for (int i = 0; i < 3; i++) {
            System.out.println("线程"+getName()+"输出:"+i);
        }
    }
}
public class TestThread02 {
    public static void main(String[] args) {
        //步骤 2,创建 MyThread 对象
        MyThread myThread = new MyThread();
        //步骤 3,启动线程
        myThread.start();
    }
}
```

以上程序中,通过继承 Thread 类重写 run 方法,在 run 方法中编写业务代码,这样业务代码就在新的线程中执行。程序运行结果如图 10.4 所示。

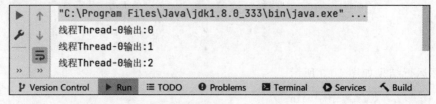

图 10.4　Thread 创建线程

以上是启动一个线程的例子。如果创建多个 Thread 对象,每个 Thread 对象都调用 start 方法,就可以启动多个线程。以下是启动多个线程的代码示例。

```
MyThread myThread01 = new MyThread();      //创建线程1
MyThread myThread02 = new MyThread();      //创建线程2
myThread01.start();                        //启动线程1
myThread02.start();                        //启动线程2
```

创建以上两个线程并启动执行,运行结果如图10.5所示。

图 10.5　多线程执行

通过多个线程执行的结果可以看出,循环输出结果交替进行,证明两个线程是并行执行的。多线程并行执行能提升程序执行的效率,就像地上有10个苹果需要捡到篮筐中,两个人一起捡的速度比一个人捡的速度要快。

10.2.2　实现 Runnable 接口

Java 具有单继承的特性,如果一个类已经有了父类,就不能通过继承 Thread 来实现多线程,于是 Java 提供了 Runnable 接口解决此问题。Runnable 接口属于 java.lang 包,其定义如下。

```
//"runnable"字典定义为:可运行的
public interface Runnable {
    public void run();
}
```

Runnable 接口非常简单,它仅包含一个抽象的 run 方法。通过 Runnable 接口创建线程的步骤如下。

步骤 1　定义一个类实现 Runnable 接口,重写接口中的 run 方法。在 run 方法中加入具体的任务代码或处理逻辑。

步骤 2　创建 Runnable 接口实现类对象。

步骤 3　创建 Thread 类对象,并将步骤2创建的 Runnable 对象传入 Thread 构造方法。

步骤 4　调用 Thread 类对象的 start 方法启动线程。

以下通过代码详细演示线程创建的步骤。

```
//步骤1  定义 Runner1 类实现 Runnable 接口
class Runner1 implements Runnable {
    //重写 run 方法(线程执行主体)
```

```java
    public void run() {
        //输出线程名称
        System.out.println("run方法中线程名称:"+ Thread.currentThread().getName());
        for (int i = 1; i < 4; i++) {
            System.out.println(i);
        }
    }
}
public class TestRunnable {
    public static void main(String[] args) {
        //输出线程名称
        System.out.println("main方法中线程名称:"+ Thread.currentThread().getName());
        //步骤2  创建实现Runnable接口的对象
        Runner1 r = new Runner1();
        //步骤3  创建一个Thread类的对象
        Thread t = new Thread(r);
        //步骤4  启动线程
        t.start();
    }
}
```

如上程序中将 Runnable 接口的实现类对象交给了 Thread 对象，通过 Thread 对象的 start 方法启动线程会自动执行 run 方法。可以根据线程名称不同来观察新线程的创建结果，程序执行的结果如图 10.6 所示。

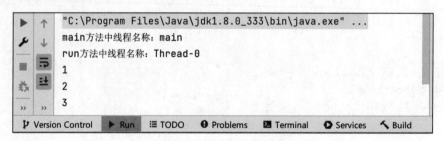

图 10.6 Runnable 创建线程结果

如图 10.6 所示，程序中有两个线程，分别是 main 线程和 Thread-0 线程。
通过两种线程创建的方式总结如下。
（1）start 方法用来启动线程，线程启动之后会执行 run 方法。
（2）重写 run 方法可以通过继承 Thread 类或实现 Runnable 接口。

10.3 线程生命周期

线程从创建到死亡会经历五种状态，分别是新建、就绪、运行、阻塞和死亡。我们将线程从新建到死亡的过程称为线程的生命周期，线程生命周期和状态转换如图 10.7 所示。

线程生命周期.mp4

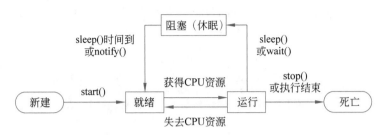

图 10.7　线程生命周期和状态转换

接下来详细介绍线程生命周期的五种状态。

1. 新建状态

通过 new 关键字创建一个线程后，该线程就处于新建状态，新建状态的线程仅仅是在内存中分配了存储空间，但还没有运行。

2. 就绪状态

执行 Thread 类的 start 方法之后，线程不会马上执行，而是进入就绪状态，等待获取 CPU 资源。

3. 运行状态

就绪状态的线程获取 CPU 资源之后，就进入运行状态，会执行 run 方法。

4. 阻塞状态

运行状态的线程因为某些原因暂停执行或释放 CPU 资源让其他线程先执行，就会进入阻塞状态。导致线程阻塞的原因有很多，包括执行 sleep()、wait()、suspend() 等方法，或者因为 I/O 阻塞、等待线程锁释放等都会导致线程阻塞。

5. 死亡状态

当线程执行完毕，就会自动终止，即进入死亡状态。线程进入死亡状态的原因有以下三点。

（1）run 方法正常执行完毕。

（2）调用了 stop 方法停止线程。

（3）程序异常导致线程终止。

线程进入死亡状态，表示线程生命周期的结束。

掌握线程的生命周期才能更好地使用线程提升程序执行效率。线程新建和死亡两种状态相对简单且易于理解，下面会对线程就绪、运行和阻塞三种状态的切换做详细讲解，以帮助大家更好地理解线程生命周期。

10.4　线程的调度

10.4.1　线程的优先级

在有限的计算机资源中，同一时间能执行的线程数量也是有限的，因此需要设计线程的优先级，对于优先级高的线程被执行的机会更多，优先级低的线程被执行的机会更少。在 Java 中线程优先级使用整数表示，其

线程调度.mp4

取值范围是 1~10，数值越大优先级越高，反之优先级越低。在 Thread 类中提供了三个静态常量用于表示线程优先级，如表 10.5 所示。

表 10.5　Thread 类中线程优先级常量

常量名称	描　　述
static int MAX_PRIORITY	优先级为 10，表示最高优先级
static int NORM_PRIORITY	优先级为 5，表示默认优先级
static int MIN_PRIORITY	优先级为 1，表示最低优先级

实际项目开发中，如果想让某个线程获得比其他线程更多的被执行机会，需要将其优先级设置得高一些。线程创建之后，可以通过 Thread 对象的 setPriority 方法来设置线程的优先级，setPriority 方法定义如下。

public final void setPriority(**int** newPriority)

接下来通过一个具体示例演示线程优先级不同从而导致被执行先后顺序的不同，具体代码如例 10.3 所示。

【例 10.3】　如果线程 A 的优先级为 1，线程 B 的优先级为 10，那么线程 B 将会优先执行。

```
public static void main(String[] args) {
    MyThread threadA = new MyThread();                      //创建线程 1
    MyThread threadB = new MyThread();                      //创建线程 2
    threadA.setPriority(Thread.MIN_PRIORITY);               //设置优先级为 10
    threadB.setPriority(Thread.MAX_PRIORITY);               //设置优先级为 1
    threadA.start();                                        //启动线程 1
    threadB.start();                                        //启动线程 2
}
```

程序执行结果如图 10.8 所示。

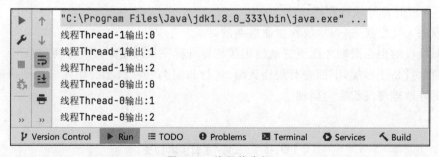

图 10.8　线程优先级

如图 10.8 所示，优先级高的 Thread-1 线程总是在优先级低的 Thread-0 线程之前执行。默认情况下，线程优先级都是 NORM_PRIORITY，在优先级一样的情况下，先抢到资源的线程先执行。

10.4.2 线程休眠

线程休眠是指线程进入等待状态，类似在路上行驶的汽车遇到红灯就会停止行驶状态，进入等待状态，直到红灯结束转为绿灯后，汽车又进入行驶状态。在 Java 中，可以调用 sleep 方法让线程进入等待状态，sleep 方法有两种形式，具体示例如下。

```
static void sleep(long millis)
static void sleep(long millis, int nanos)
```

如上所示的两种 sleep 方法，第一种只有一个参数 millis 表示休眠的毫秒数；第二种有两个参数 millis 和 nanos，分别表示毫秒数和微秒数。正在执行的线程调用 sleep 方法进入休眠状态，直至休眠时间到才可以继续执行该线程。例 10.4 演示了线程休眠。

【例 10.4】 每隔 1 秒输出系统时间。

```java
public static void main(String[] args) throws InterruptedException {
    //日期格式化对象
    SimpleDateFormat simpleDateFormat = new SimpleDateFormat("HH:mm:ss");
    //循环输出当前时间
    for (int i = 1; i < 4; i++) {
        String time = simpleDateFormat.format(new Date());
        System.out.println("第"+i+"次时间："+time);
        Thread.sleep(1000);                //休眠 1 秒
    }
}
```

程序运行结果如图 10.9 所示。

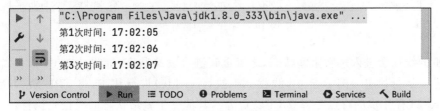

图 10.9　例 10.4 的运行结果

通过程序执行结果可以看出，每隔 1 秒输出一次，此效果证明 sleep(1000)方法让线程休眠了 1 秒。线程休眠的特点是指定时间内暂停当前线程执行，不会释放 CPU 资源。

10.4.3 线程让步

线程让步是让当前线程暂停并释放 CPU 资源，使其他就绪状态下的线程得以运行，类似正在路上行驶的汽车靠边停车，将道路资源让给后面的救护车行驶。在 Java 中通过调用 Thread 类中的 yield 方法实现线程让步。接下来，通过例 10.5 演示线程让步。

【例 10.5】 线程 001 让步给线程 002 优先执行。

```java
class MyRunnable implements Runnable {
```

```
        public void run() {
            String name = Thread.currentThread().getName();
            //指定线程 001 让步
            if ("001".equals(name)) {
                System.out.println("线程"+name+"让步");
                Thread.yield();                    //让步
            }
            System.out.println("线程"+name);

        }
    }
    public class TestYield {
        public static void main(String[] args) {
            Thread t1 = new Thread(new MyRunnable(),"001");
            t1.start();
            Thread t2 = new Thread(new MyRunnable(),"002");
            t2.start();
        }
    }
```

为了让线程让步效果明细,上述代码中指定线程 001 让步,直至线程 002 执行结束。程序运行结果如图 10.10 所示。

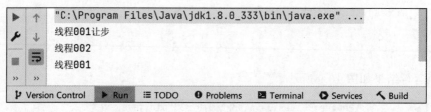

图 10.10　例 10.5 的运行结果

让步的线程会进入短暂阻塞状态,之后重新进入就绪状态,如果此时 CPU 资源空闲就会重新进入运行状态。例 10.5 中,线程 001 执行 yield()进行让步,将 CPU 资源让给线程 002 执行。线程让步的特点是释放 CPU 资源给其他处于就绪状态的线程先执行。

10.4.4　线程插队

线程插队是调用 Thread 类的 join 方法来实现,例如在线程 A 中调用线程 B 的 join 方法,则线程 A 会被挂起进入阻塞状态,等待线程 B 执行完毕之后,线程 A 才能继续执行。接下来通过示例演示线程插队,如例 10.6 所示。

【例 10.6】　线程 002 插队到线程 main 之前执行。

```
class MyJoinRunnable implements Runnable{
    @Override
    public void run() {
        //获取当前线程名称
        String name = Thread.currentThread().getName();
```

```java
        for (int i = 0; i < 5; i++) {
            System.out.println("线程"+name+":"+i);
        }
    }
}
public class TestJoin {
    public static void main(String[] args) throws InterruptedException {
        //创建线程 002
        MyJoinRunnable myJoinRunnable = new MyJoinRunnable();
        Thread thread002 = new Thread(myJoinRunnable,"002");
        thread002.start();                    //启动线程 002
        //在 main 线程中执行循环输出
        for (int i = 0; i < 3; i++) {
            System.out.println("线程"+Thread.currentThread().getName()+":" + i);
            //当循环到 1 时,执行线程 002 的 join 方法
            if (i==1) {
                thread002.join();
            }
        }
    }
}
```

程序运行结果如图 10.11 所示。

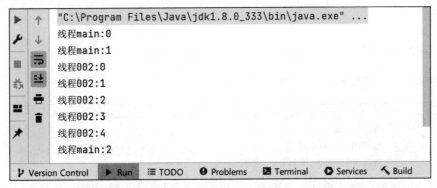

图 10.11 例 10.6 的运行结果

如图 10.11 所示,线程 002 执行 join 方法之后,main 线程就被挂起,直到线程 002 执行完毕,main 线程才继续执行。线程插队的特点是执行 join 方法的线程会优先执行。

10.4.5 守护线程

守护线程(daemon thread)又称为后台线程。它为其他线程提供服务,如 Java 虚拟机的垃圾回收线程就是守护线程。守护线程特点如下。

(1) 当所有的前台线程都死亡,守护线程会自动死亡。
(2) 守护线程也可以由程序员自定义。

可以通过 Thread 类中的 setDaemon(boolean on)方法设置线程为守护线程,参数为 true 表示设置线程为守护线程,默认是 false。接下来通过具体示例演示守护线程的状态效

果，详细代码如例 10.7 所示。

【例 10.7】 一个守护线程循环输出数字，当主线程死亡，观察守护线程的状态。

```java
class MyDaemonThread extends Thread {
    public void run() {
        try {
            for (int i = 1; i <= 100; i++) {
                sleep(1000);                                           //休眠 1 秒
                System.out.println("线程"+getName()+"输出:"+i); //输出
            }
        } catch (InterruptedException e) {}
    }
}
public class TestDaemonThread {
    public static void main(String[] args) {
        MyDaemonThread myDaemonThread = new MyDaemonThread();
        myDaemonThread.setDaemon(true);                                //定义为守护线程
        myDaemonThread.start();
        try {
            //主线程休眠 3 秒
            Thread.sleep(3000);
            System.out.println("主线程执行完毕，即将死亡。守护线程也会自动死亡。");
        } catch (InterruptedException e) {
            throw new RuntimeException(e);
        }
    }
}
```

以上程序运行结果如图 10.12 所示。

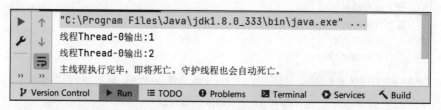

图 10.12 例 10.7 的运行结果

如图 10.12 所示，当主线程终止，守护线程没有再次输出数字，即表示已经自动死亡。以上就是守护线程基本使用演示。

10.5 线程同步

在多线程并行的场景下，如果出现多个线程争抢同一个有限资源，可能会导致逻辑上的错误，下面详细介绍如何理解以及解决这种错误。

线程同步.mp4

10.5.1 线程安全

线程安全是在多线程并行场景下的每个线程都正常正确执行,不会出现数据污染问题。为了便于理解,通过"买馒头"示例来讲解多线程并行场景下的线程安全。例如一个蒸笼里只有两个馒头,但是有 5 个人要买馒头,假设每个人最多只能买 1 个,按照先到先得原则,直至馒头卖完。接下来使用代码实现如上"买馒头"示例,简要步骤如下。

步骤 1 定义一个整数变量(breadNum),用来表示馒头数量。每领走一个馒头,数量减 1。

步骤 2 创建 5 个线程,用来模拟 5 个人买馒头。

详细代码如例 10.8 所示。

【例 10.8】 多线程实现多人买馒头。

```java
class SaleRunnable implements Runnable{
    //馒头数量
    public static int breadNum = 2;
    @Override
    public void run() {
        //判断馒头剩余数量,大于 0 才能买到馒头
        if (breadNum > 0) {
            System.out.println(Thread.currentThread().getName()+"买到 1 个馒头");
            //馒头剩余数量减 1
            breadNum--;
            System.out.println("剩余馒头数量:"+breadNum);
        }
    }
}
public class BreadDemo {
    public static void main(String[] args) {
        SaleRunnable saleRunnable = new SaleRunnable();
        Thread zhangsan = new Thread(saleRunnable,"张三");
        Thread lisi = new Thread(saleRunnable,"李四");
        Thread wangwu = new Thread(saleRunnable,"王五");
        Thread zhaoliu = new Thread(saleRunnable,"赵六");
        Thread tianqi = new Thread(saleRunnable,"田七");
        zhangsan.start();
        lisi.start();
        wangwu.start();
        zhaoliu.start();
        tianqi.start();
    }
}
```

程序运行结果如图 10.13 所示。

如图 10.13 所示,总共有 4 个人成功买到馒头,但实际馒头数量只有两个,也就是成功购买的馒头数量大于实际拥有的馒头数量,这类问题就是线程安全的问题。出现线程安全问题有以下两个原因。

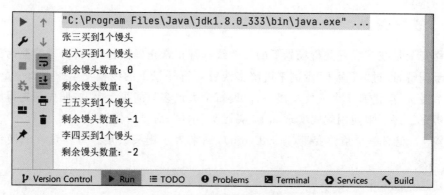

图 10.13　例 10.8 的运行结果

（1）多个线程并行执行。
（2）多个线程操作同一个变量。

只要破坏上述任何一个条件，就可以保证线程安全。以"买馒头"示例进行分析，只要让这 5 个线程排队买馒头就可以保证馒头数量正确，技术实现需要采用线程锁机制，接下来详细讲解线程同步锁。

10.5.2　同步锁

同步锁（synchronized）是在多个线程场景下，保证资源同一时间只能被一个线程使用的机制。类似自动取款机的小房间（简称 ATM 间），当有人在取钱时，ATM 间会自动上锁，其他人只能在门外排队等待，只有 ATM 间的人出来后，排队的人才能再次使用 ATM 间，同步锁就像 ATM 间的门锁。Java 通过 synchronized 关键字实现同步锁，synchronized 关键字可以修饰方法和代码块，其修饰的方法简称同步方法，其修饰的代码块简称同步代码块，同步代码块的语法格式如下。

```
synchronized(线程共享对象){
    //代码
}
```

接下来通过同步锁来解决"买馒头"示例中出现的线程安全问题，如例 10.9 所示。

【例 10.9】　同步代码块实现排队买馒头。

```
class SaleRunnable implements Runnable{
    //馒头数量
    public static Integer breadNum = 2;
    @Override
    public void run() {
        //判断馒头剩余数量,大于 0 才能获取锁
        if (breadNum > 0) {
            synchronized(breadNum){
                //判断馒头剩余数量,大于 0 才能买到馒头
                if (breadNum > 0) {
```

```
                    System.out.println(Thread.currentThread().getName()+"买到
1个馒头");
                    //馒头剩余数量减1
                    breadNum--;
                }
            }
        }
    }
}
```

以上程序中使用 synchronized 修饰代码块,且对 breadNum 变量上锁,多个线程想进入代码块内部执行时,需要等待正在执行代码块的线程释放锁,之后等待的线程才能进入代码块执行。程序运行结果如图 10.14 所示。

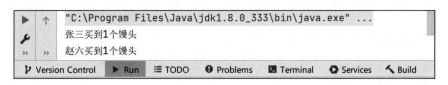

图 10.14　例 10.9 的运行结果

通过程序执行结果能看出同步锁发挥了作用,每次执行只有两人购买成功。例 10.9 中 breadNum 属于静态变量,被多个线程共享,同步代码块锁住的对象必须满足多个线程共享的条件。局部变量属于线程私有变量,因此局部变量不能作为被上锁的对象。

在普通方法上加入 synchronized 关键字就成为同步方法,同步方法定义语法如下。

```
public synchronized 返回值类型 方法名称(){
    //代码
}
```

同步方法与同步代码块作用一样,两者有以下区别。
(1)同步方法锁定的是调用方法的对象,即 this 对象。同步代码块锁定的是指定对象。
(2)同步代码块更灵活,锁定范围更小。

下面通过一个具体示例演示同步方法的使用,如例 10.10 所示。
【例 10.10】　同步方法实现排队买馒头。

```
class SaleRunnable implements Runnable{
    //馒头数量
    public static int breadNum = 2;
    @Override
    public void run() {
        sale();                          //执行同步方法
    }
    public synchronized void sale(){
        //判断馒头剩余数量,大于 0 才能买到馒头
        if (breadNum > 0) {
            System.out.println(Thread.currentThread().getName()+"买到1个馒头");
```

```
            //馒头剩余数量减1
            breadNum--;
            System.out.println("剩余馒头数量："+breadNum);
        }
    }
}
```

程序中定义了 sale 方法为同步方法，根据同步方法锁定的是 this 对象，在创建线程对象时，所有的线程对象必须使用同一个 SaleRunnable 类对象，示例如下。

```
SaleRunnable saleRunnable = new SaleRunnable();
Thread zhangsan = new Thread(saleRunnable,"张三");
Thread lisi = new Thread(saleRunnable,"李四");
Thread wangwu = new Thread(saleRunnable,"王五");
```

程序运行结果如图 10.15 所示。

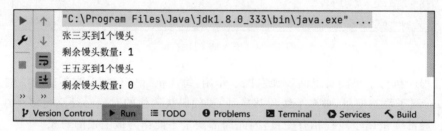

图 10.15 例 10.10 的运行结果

同步锁需要锁定多个线程共享的对象，才能实现线程排队执行，如果锁定的是不同的对象，就不会出现线程排队现象。

10.5.3 死锁问题

死锁是指两个或两个以上的线程在执行过程中，由于竞争资源或者由于彼此通信而造成的一种阻塞的现象，若无外力作用，它们都将无法继续运行。接下来通过例 10.11 演示死锁状态。

【例 10.11】 两个线程的死锁状态。

```
class MyThread01 extends Thread{
    @Override
    public void run() {
        synchronized (TestDeadLock.o1){
            System.out.println("o1对象被线程"+getName()+"锁定");
            try {
                Thread.sleep(1000);
            } catch (InterruptedException e) {
                throw new RuntimeException(e);
            }
            System.out.println("线程"+getName()+"正在获取 o2 对象锁");
```

```java
            synchronized (TestDeadLock.o2){
                System.out.println("o2 对象锁定");
            }
        }
    }
}
class MyThread02 extends Thread{
    @Override
    public void run() {
        synchronized (TestDeadLock.o2){
            System.out.println("o2 对象被线程"+getName()+"锁定");
            try {
                Thread.sleep(1000);
            } catch (InterruptedException e) {
                throw new RuntimeException(e);
            }
            System.out.println("线程"+getName()+"正在获取 o1 对象锁");
            synchronized (TestDeadLock.o1){
                System.out.println("o1 对象锁定");
            }
        }
    }
}
public class TestDeadLock {
    public static Object o1 = new Object();
    public static Object o2 = new Object();
    public static void main(String[] args) {
        MyThread01 myThread01 = new MyThread01();
        MyThread02 myThread02 = new MyThread02();
        myThread01.start();
        myThread02.start();
    }
}
```

程序运行结果如图 10.16 所示。

图 10.16　例 10.11 的运行结果

如图 10.16 所示，线程 Thread-0 锁定 o1 对象，线程 Thread-1 锁定 o2 对象，同时线程 Thread-0 需要获取 o2 对象，但是 o2 对象被线程 Thread-1 锁定，导致线程 Thread-0 只能等待，同理 Thread-1 要获取 o1 对象也只能等待，它们都在等待对方释放锁定的对象才能继续执行，反而导致它们都无法执行，这种问题就是死锁问题。死锁问题只能通过外力干预才能解决，程序代码本身无法解决。

10.6 线程通信

有这样一种特殊的线程使用场景，当线程运行结束时，需要主动唤醒另一个线程的运行，此场景就需要使用到线程通信。一个经典的线程通信案例——生产者和消费者，该案例中生产者和消费者同时操作仓库，当仓库为空时，消费者无法从仓库取出产品，应该通知生产者向仓库添加产品；当仓库满仓时，生产者无须再添加商品，应该通知消费者来取出产品。Java.lang 包中 Object 类提供了三个用于线程通信的方法，如表 10.6 所示。

表 10.6　Object 类的三个用于线程通信的方法

方 法 名 称	功 能 描 述
void wait()	当前线程进入等待状态
void notify()	唤醒对象监视器上等待的单个线程
void notifyAll()	唤醒对象监视器上等待的所有线程

表 10.6 中列举的三个方法只有在 synchronized 方法或 synchronized 代码块中才能使用，否则会报 IllegalMonitorStateException 异常。

接下来通过代码演示生产者和消费者案例。首先创建一个 Factory 类，此类中包括生产产品和消费产品的两个同步方法，详细代码如下。

```java
class Factory {
    public static Integer product = 0;
    public synchronized void addProduct(){         //生产产品
        if (product>=10) {
            try {
                System.out.println("产品满了,等待消费");
                wait();
            } catch (InterruptedException e) {
                throw new RuntimeException(e);
            }
        } else {
            product++;
            System.out.println("【生产者】生产第"+product+"个产品");
            notifyAll();
        }
    }
    public synchronized void getProdect(){         //消费产品
        if (product <=0) {
            try {
                System.out.println("产品没了,等待生产");
                wait();
            } catch (InterruptedException e) {
                throw new RuntimeException(e);
```

```
            }
        } else{
            System.out.println("【消费者】消费第"+product +"个产品");
            //消费之后,产品数量减一
            product--;
            notifyAll();
        }
    }
}
```

如上代码中,addProduct 为添加产品的同步方法,首先判断是否满仓,当 product 数量大于或等于 10 时证明产品满仓,如果满仓则通过 wait 方法挂起线程,停止生产,并使用 notifyAll 方法通知消费者来取出产品。其中,getProduct 方法为取出产品的同步方法,首先判断产品数量,当数量小于或等于 0 时,通过 wait 方法挂起线程,停止消费,并使用 notifyAll 方法通知生产者添加产品。接下来编写生产者线程类和消费者线程类,详细代码如下。

```java
//生产者
class Producer extends Thread{
    private Factory factory;
    public Producer(Factory factory) {
        this.factory = factory;
    }
    @Override
    public void run() {
        while (true){
            try {
                sleep((int)Math.random() * 1000);
            } catch (InterruptedException e) {
                throw new RuntimeException(e);
            }
            factory.addProduct();
        }
    }
}
//消费者
class Consumer extends Thread{
    private Factory factory;
    public Consumer(Factory factory) {
        this.factory = factory;
    }
    @Override
    public void run() {
        while (true){
            try {
                sleep((int)Math.random() * 5000);
            } catch (InterruptedException e) {
                throw new RuntimeException(e);
            }
```

```
            factory.getProdect();
        }
    }
}
```

在上述生产者类(Producer)中调用工厂的 addProduct 方法循环添加产品,在消费者类(Consumer)中调用工厂的 getProduct 方法循环取出产品。最后,编写程序入口 main 方法,详细代码如下。

```
public static void main(String[] args) {
    Factory factory = new Factory();
    Producer producer = new Producer(factory);
    Consumer consumer = new Consumer(factory);
    producer.start();
    consumer.start();
}
```

程序运行结果如图 10.17 所示。

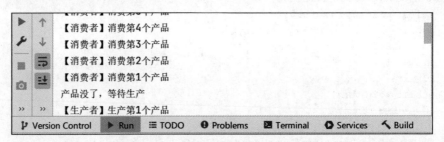

图 10.17　生产者和消费者案例运行结果

通过程序运行结果可以看出,生产者和消费者两个线程完成了互相通信。

本 章 小 结

一个程序通常是一个进程,一个进程内有多个线程负责处理多种并行的任务,并且多线程并行执行过程中会有数据的交互,因此需要通过线程锁保证数据的安全性。读者通过本章的学习,可以掌握线程的同步、异步和锁机制,这是今后工作中经常会遇到的内容。

练 习 题

一、选择题

1. 终止线程使用的方法是(　　)。

　　A. sleep()　　　　B. yield()　　　　C. wait()　　　　D. destory()

2. 关于下列同步说法错误的是（　　）。
   A. 同步代码块可以锁住指定代码，同步方法是锁住方法中所有代码
   B. 同步代码块可以指定锁对象，同步方法不能指定锁对象
   C. 对于非 static 方法，同步锁锁住的对象是 this 对象
   D. final 修饰的方法不能使用同步锁。
3. 关于等待唤醒方法描述错误的是（　　）。
   A. wait()会释放锁资源
   B. sleep()不会释放锁资源
   C. wait()和 sleep()都会释放锁资源
   D. wait()和 notify()应该使用相同的锁对象调用才有效

二、简答题
1. 线程在游戏编程中如何使用？举例说明。
2. 在同一个银行账户中，同时进行存钱和取钱，会出现什么问题？简述原因。

三、编程题
创建两个线程，要求如下。
(1) 一个线程在控制台输出 1~26 个数字，通过继承 Thread 类来完成。
(2) 一个线程在控制台输出 A~Z，通过实现 Runnable 接口来完成。
(3) 两个线程同时进行输出。

第 11 章 网络编程

本章学习目标

- 掌握 Socket 用法。
- 掌握 DatagramSocket 用法。
- 掌握 OSI 网络模型。
- 熟悉 TCP 通信协议。
- 熟悉 UDP 通信协议。
- 了解 TCP"三次握手"和"四次挥手"过程。

11.1 网络编程概述

网络编程是基于计算机网络,按照某种协议对数据信息进行接收和发送的程序编写。网络编程分为发送端和接收端,发送端按照规定好的协议组装数据包,然后在接收端采用同样的协议对数据包进行解析(见图11.1)。

图 11.1 网络通信简图

数据信息在网络中传输会经过不同的阶段,如路由器、交换机等,不同阶段划分为不同的网络模型,不同的网络模型对应了不同的网络协议。接下来,详细介绍网络模型和网络协议。

11.1.1 网络模型

数据在网络间进行传输(见图11.2),经过不同的硬件有不同的数据形态且采用不同的传输协议,将众多不同的硬件和协议等进行归类划分,形成了网络模型。

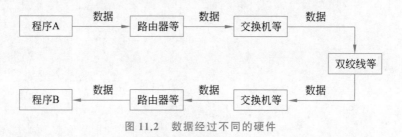

图 11.2 数据经过不同的硬件

网络模型应用最为广泛的是 OSI 七层参考模型和 TCP/IP 四层参考模型,如图 11.3 所示。OSI(open system interconnection,开放式系统互联通信)模型是国际标准化组织(International Organization for Standardization,ISO)于 1978 年提出,其为了简化网络将网络结构分为七层,分别是应用层、表示层、会话层、传输层、网络层、数据链路层、物理层。实际应用中,不是所有的应用都严格遵循七层网络模型,因此还有一种相对简化的网络模型,即 TCP/IP 四层网络模型,分别是应用层、传输层、网络层、网络接口层。

图 11.3　网络模型

网络每一层的作用详细讲解如下。

(1) 应用层由用于通信的应用程序组成,如电子邮件、浏览器等。常见的 HTTP 协议就属于应用层。

(2) 表示层主要负责对数据的语法和语义的处理,类似翻译官,在不同的计算机体系间传递数据,存在编码差异性等问题,例如,ASCII 需要在表示层来"翻译"以便正确显示。

(3) 会话层主要用来建立和维持会话,如通信失效时恢复通信。

(4) 传输层为两个主机中的进程通信提供数据传输服务。传输层负责将数据分段、提供端到端的传输。TCP 协议就属于传输层协议。

(5) 网络层主要负责寻址、路由、连接的建立、保持和终止等服务。IP 协议属于网络层协议。

(6) 数据链路层定义了在单个链路上如何传输数据,数据链路层传输数据的单位是帧,该层控制帧在物理信道上的传输,包括如何处理传输差错,如何调节发送速率以使与接收方相匹配等。

(7) 物理层是用于通信的物理硬件层,如光纤、电缆等。

11.1.2　IP 和端口

网络协议为计算机网络进行数据交换而建立的规则、标准或约定的集合。网络上各种计算机必须遵循相同的协议才能实现通信,类似于生活中人们说同一种语言文字,双方才能听懂,网络世界中的协议就像语言文字,属于网络通信的基础。

互联网协议(internet protocol,IP)是非常重要的通信协议,属于网络层协议,IP 协议是网络计算机互联互通的基础。IP 地址(internet protocol address)属于 IP 协议中非常重要的组成,IP 地址类似手机号,有了某个人的手机号,就可以与其通信,同样给网络中的每一个计算机都分配一个 IP 地址,才能从众多网络设备中找到所需要的设备并实现互通。

IP 地址由 32 位二进制数字组成,被分割为 4 份,每份 8 位二进制数字,因此每份最大的数字是 255。在计算机中 IP 地址通常转换为点分十进制显示,如 192.168.0.2。

在计算机网络中,伴随 IP 一起出现的还有端口(port),如果 IP 是一个商场的地址,那么端口就是这个商场的出入口。一个商场往往有多个出入口,同样,一台计算机只有一个 IP 地址,但有多个端口,因为同一个计算机上可以有多个应用程序,如 QQ 和微信。不同的端口对应不同的应用程序,因此在网络通信中,可以通过 IP 和端口定位具体的应用程序。

端口号是一个整数,其取值范围是 0~65535。通常我们自定义的端口需要大于 1024,因为 0~1023 端口已经被一些知名应用使用或预定,如 FTP、HTTP 等。

11.1.3　InetAddress

InetAddress 类是 Java 用来表示 IP 地址的类,为了区分 IPv4 和 IPv6 的地址,其派生了两个子类:Inet4Address 和 Inet6Address,InetAddress 类的常用方法如表 11.1 所示。

表 11.1　InetAddress 类的常用方法

方　　法	功　能　说　明
static InetAddress getLocalHost()	获取本机的 InetAddress 对象
static InetAddress getByName(String host)	通过域名或 IP 获取 InetAddress 对象
String getHostAddress()	获取 IP 地址
String getHostName()	获取主机名称
boolean isReachable(int timeout)	判断是否能连通主机,类似 ping 指令

【例 11.1】　InetAddress 使用示例。

```
public static void main(String[] args) {
    try {
        //获取本机的 InetAddress 对象
        InetAddress localHost = Inet4Address.getLocalHost();
        String hostAddress = localHost.getHostAddress();        //获取 IP 地址
        String hostName = localHost.getHostName();              //获取主机名称
        System.out.println("本机 IP:"+hostAddress+",本机名称:"+hostName);
        //通过域名获取对应主机的 InetAddress 对象
        InetAddress inetAddress = Inet4Address.getByName("java.com");
        //判断是否可以连通主机
        boolean reachable = inetAddress.isReachable(5000);
        if (reachable){
            String hostAddress1 = inetAddress.getHostAddress(); //获取 IP 地址
            String hostName1 = inetAddress.getHostName();       //获取主机名称(域名)
```

```
            System.out.println("本机 IP:"+hostAddress1+",本机名称:"+hostName1);
        } else {
            System.out.println("无法连接到主机");
        }

    } catch (UnknownHostException e) {
        throw new RuntimeException(e);
    } catch (IOException e) {
        throw new RuntimeException(e);
    }
}
```

程序运行结果如图 11.4 所示。

图 11.4 例 11.1 的运行结果

11.2 TCP

11.2.1 TCP 概述

TCP 是传输控制协议(transmission control protocol)的缩写,是一种面向连接的、可靠的、基于字节流的传输层通信协议。简言之,TCP 传输首先会建立端到端的网络连接,提前为数据传输建立通道。TCP 为了建立可靠网络分为三步完成,称为三次握手方式,具体过程如图 11.2 所示。

TCP.mp4

步骤 1 客户端发送 SYN 消息给服务端。SYN 是指同步序列号(synchronize sequence numbers)。

步骤 2 服务端收到 SYN 消息后,回传一个 SYN/ACK 消息给客户端,表示服务端收到了。ACK 是指确认字符(acknowledge character),在数据通信中,用于表述数据确认收到无误。

步骤 3 客户端再次发送带有 ACK 的消息给服务端,表示客户端知道了。

三次握手的流程如图 11.5 所示。

通过三次握手建立了可靠网络连接,之后就可以进行网络数据传输,数据传输完毕将会断开网络连接。

基于 TCP 协议的网络是全双工通信,即同时进行

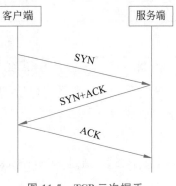

图 11.5 TCP 三次握手

数据的双向传输（A 到 B 且 B 到 A），因此在关闭 TCP 网络连接时，客户端和服务端都需要进行连接关闭。TCP 关闭连接总共有四步，称为四次挥手，具体步骤如下（见图 11.6）。

步骤 1　客户端发送 FIN 码给服务端请求断开连接，当 FIN 为 1 表示希望断开连接。

步骤 2　服务端收到断开请求后，给客户端发送 ACK 确认字符，表示已知晓。

步骤 3　服务端准备断开与客户端的连接，并发送 FIN 码给客户端，服务端进入 LAST_ACK 状态，等待客户端最后的信号。

步骤 4　客户端收到 FIN 码之后，给服务端发出 ACK 确认字符，之后双方将会关闭连接。

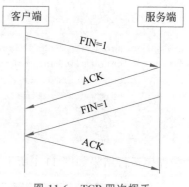

图 11.6　TCP 四次挥手

掌握 TCP 协议的网络连接和断开的详细过程，将会更好地完成基于网络通信的 Java 程序设计。下面将详细介绍 Java 如何实现 TCP 通信。

11.2.2　Socket

套接字（Socket）是对网络中不同主机上的应用进程之间进行双向通信的端点的抽象。一个套接字就是网络上进程通信的一端。Socket 是 Java 实现网络通信的基石，是支持 TCP/IP 协议的网络通信的基本操作单元。

TCP 通信的参与者分为客户端和服务端，Java 中提供了 Socket 类和 ServerSocket 类，分别表示客户端和服务端。Socket 类（见表 11.2）和 ServerSocket 类（见表 11.3）的一些方法如下。

表 11.2　Socket 类的一些方法

类型	方法名称	功能说明
构造方法	Socket(InetAddress address, int port)	通过 InetAddress 对象和端口号建立连接并创建对象
	Socket(String host, int port)	通过主机标识（IP 或域名）和端口号建立连接并创建对象
常用方法	InputStream getInputStream()	获取网络输入流，用于接收网络数据
	OutputStream getOutputStream()	获取网络输出流，用于发送网络数据
	boolean isConnected()	判断网络是否连接
	void close()	关闭网络连接

表 11.3　ServerSocket 类的一些方法

类型	方法名称	功能说明
构造方法	ServerSocket(int port)	创建指定端口号的服务端对象
常用方法	Socket accept()	监听连接信号并创建 Socket 对象
	void close()	关闭网络连接

【例 11.2】　通过 ServerSocket 创建服务端。

```
//服务端代码
```

```java
class Server{
    public static void main(String[] args) {
        try {
            //创建端口号为8888的服务端对象
            ServerSocket serverSocket = new ServerSocket(8888);
            System.out.println("服务端准备就绪,等待连接");
            //监听连接信号,当有连接时创建Socket对象
            Socket socket = serverSocket.accept();
            //获取网络输入流,用于接收客户端发送的消息
            InputStream inputStream = socket.getInputStream();
            //用于缓存输入流读取的字节数据
            byte[] buffer = new byte[1024];
            //读取消息,并返回消息长度
            int len=inputStream.read(buffer);
            //转换消息为字符串并打印消息
            System.out.println("收到消息:"+new String(buffer,0,len));
            //关闭网络连接
            socket.close();
            serverSocket.close();
        } catch (IOException e) {
            throw new RuntimeException(e);
        }
    }
}
```

例11.2中,accept方法的作用是等待客户端连接,如果没有客户端连接,将会一直等待并且阻塞程序执行下一步。服务端程序启动后效果如图11.7所示。

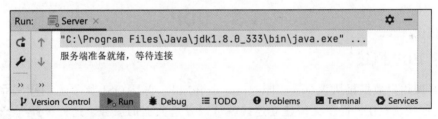

图11.7 服务端等待连接

【例11.3】 通过Socket创建客户端。

```java
class Client{
    public static void main(String[] args) {
        try {
            //通过Socket连接到本地主机且端口为8888的服务端
            Socket socket = new Socket("localhost", 8888);
            //获取网络输出流,用于发送消息
            OutputStream outputStream = socket.getOutputStream();
            //写入数据到网络输出流,即发送消息
            outputStream.write("我是客户端".getBytes());
            outputStream.flush();
```

```
            //关闭网络连接
            outputStream.close();
            socket.close();
        } catch (IOException e) {
            throw new RuntimeException(e);
        }
    }
}
```

localhost 表示本地主机,服务端程序在个人计算机上执行,即个人计算机就是本地主机,创建 Socket 对象时指定需要连接的服务器地址和端口号,Socket 对象创建成功即表示网络连接成功,执行客户端代码之后,服务端 accept 方法会监听到客户端的连接请求,之后服务端程序由阻塞状态变为执行状态,服务端程序执行结果如图 11.8 所示。

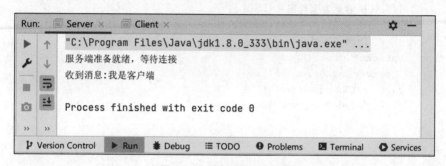

图 11.8　服务端运行结果

11.3　UDP

11.3.1　UDP 概述

UDP 即用户数据报协议(user datagram protocol),它是 OSI 参考模型中传输层协议,UDP 提供无须建立连接就可以发送数据的服务。这种信息传递的方式是简单不可靠的,类似群发消息,消息发送时无须问接收者是否在线,消息一旦发出,有多少人能接收到消息则不得而知。

Java 中 DatagramSocket 是基于 UDP 通信的基本操作单元,用于发送和接收数据包。DatagramSocket 类的构造方法和常用方法如表 11.4 所示。

UDP.mp4

表 11.4　DatagramSocket 类的构造方法和常用方法

类型	方法	功能说明
构造方法	DatagramSocket()	创建无任何绑定的数据报套接字对象
	DatagramSocket(int port)	创建绑定端口的数据报套接字对象
常用方法	void receive(DatagramPacket p)	接收数据包
	void send(DatagramPacket p)	发送数据包
	void close()	关闭数据报套接字

UDP 发送和接收消息的方式是通过数据包,数据包类似快递包裹,IP 和消息内容等都封装在数据包中。Java 中表示数据包的类是 DatagramPackage 类,DatagramPackage 类的构造方法和常用方法如表 11.5 所示。

表 11.5　DatagramPackage 类的构造方法和常用方法

类型	方　　法	功　能　说　明
构造方法	DatagramPacket(byte[] buf, int length)	创建接收端数据包对象并指定接收数据长度
	DatagramPacket(byte[] buf, int length, InetAddress address, int port)	创建发送端数据包对象并指定目标主机地址和端口号
常用方法	byte[] getData()	获取数据包中缓存的数据
	int getLength()	获取数据包接收到的数据长度

11.3.2　UDP 通信

UDP 通信过程中有三个重要对象,分别是数据包(DatagramPackage)、发送者和接收者,消息内容等信息封装在数据包中,数据包是 UDP 通信的核心对象。例 11.4 演示了如何实现 UDP 通信,首先创建一个 Sender 类作为发送者,之后需要创建数据包对象,核心代码实现如下。

【例 11.4】　实现 UDP 通信。

```
//消息内容
byte[] data = "Hello UDP".getBytes();
//数据长度
int len = data.length;
//广播地址
InetAddress inetAddress = Inet4Address.getByName("255.255.255.255");
//端口号
int port=8888;
//数据包对象
DatagramPacket datagramPacket = new DatagramPacket (data, len, inetAddress, port);
```

通过例 11.4 中的代码可以看到,数据包对象中封装了消息、消息长度、广播地址和端口号,其中"255.255.255.255"是广播地址,即所有绑定端口为 8888 的接收者都能收到消息。数据包准备就绪,接下来创建发送者,代码实现如下。

```
//创建 DatagramSocket 对象,用于发送消息
DatagramSocket datagramSocket = new DatagramSocket();
//发送数据包
datagramSocket.send(datagramPacket);
```

数据包通过 DatagramSocket 对象的 send 方法发送,之后就是准备接收数据包,提前准备一个空的数据包用来接收信息。创建 Receiver 类作为接收者,然后创建空数据包,代码实现如下。

```
//空字节数组,用于存储消息内容
byte[] data = new byte[1024];
//空数据包
DatagramPacket datagramPacket = new DatagramPacket(data, data.length);
```

接收端的数据包没有任何内容,其目的是用来存储接收到的信息,接收信息也是通过DatagramSocket对象完成,具体代码实现如下。

```
//创建 DatagramSocket 对象,并绑定 8888 端口
DatagramSocket datagramSocket = new DatagramSocket(8888);
//接收信息,并存储到空数据包中
datagramSocket.receive(datagramPacket);
```

接收的消息数据封装到datagramPacket中,从数据包中获取消息数据并打印输出的代码如下。

```
//获取数据包中的消息数据
byte[] packetData = datagramPacket.getData();
//获取接收到的消息数据长度
int length = datagramPacket.getLength();
//打印接收到的消息
System.out.println(new String(packetData,0,length));
```

程序运行过程中,先执行接收者(Receiver类)代码,在执行发送者(Sender类)代码,程序运行结果是接收者会收到如图11.9所示信息。

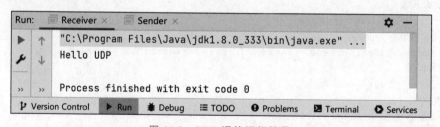

图11.9　UDP通信运行结果

本 章 小 结

Java中主要提供了基于TCP协议和UDP协议的两种通信模式,TCP和UDP主要有以下区别。

(1) TCP是面向连接的通信,即通信前需要先建立网络连接;UDP是面向无连接的通信,即无须先建立网络连接也可以完成通信。

(2) TCP属于可靠的网络数据传输;UDP是不可靠的数据传输。

(3) TCP占用网络资源较多,发送消息效率较低,因为TCP需要先建立连接;反之UDP占用网络资源较少,发送消息效率较高。

（4）TCP 是一对一通信；UDP 可以一对一、一对多通信。

练 习 题

一、选择题

1. Socket 是基于（　　）通信协议。
   A. UDP　　　　　B. HTTP　　　　　C. TCP　　　　　D. FTP
2. 以下不属于 TCP 通信特点的是（　　）。
   A. 可靠的　　　　B. 应用层的　　　C. 面向连接　　　D. 基于字节流
3. 以下关于 UDP 说法正确的是（　　）。
   A. 面向连接的　　　　　　　　　　B. 可靠通信
   C. 不可靠通信　　　　　　　　　　D. Socket 是基于 UDP 的

二、填空题

1. TCP 和 UDP 属于 OSI 七层网络模型的_____层。
2. TCP 是一种面_____、_____、基于_____的传输层通信协议。
3. OSI 网络七层模型分别是应用层、表示层、_____、_____、_____、_____和物理层。

三、编程题

使用 Socket 实现一个简单的聊天机器人程序，要求如下。

（1）创建 ChatServer 类作为服务端，通过 ServerSocket 实现，定义端口为 8080。

（2）创建 Client 类作为客户端，通过 Socket 链接服务端。

（3）客户端给服务端发送消息"您好！"。

（4）服务端自动给客户端回消息"您好！欢迎进入 Java 世界。"。

第 12 章 Lambda和Stream

本章学习目标

- 掌握 Lambda 表达式的用法。
- 掌握 Java 函数式编程思想。
- 掌握 Stream 流的基本使用。
- 了解新特性对于编程效率的提升因素。

Java 8 是 Java 语言的一个重要版本,此版本增加了一些新的特性,如 Lambda 表达式、函数式编程、Stream API 等,这些新的特性有助于提升软件开发效率。

12.1 Lambda 表达式

12.1.1 函数式接口

函数式接口(functional interface)是指仅有一个抽象方法的接口。函数式接口通常配合 Lambda 表达式使用,编码弱化了对象创建的过程,更加重视业务流程的呈现。函数式接口语法格式如下。

Lambda.mp4

```
@FunctionalInterface
interface 接口名{
    抽象方法;
}
```

其中,@FunctionalInterface 是 Java 8 为函数式接口引入的一个新注解,主要用于程序编译期间的语法错误检查,如当函数式接口中并非只有一个抽象方法时就会出现错误警告。接下来通过具体示例演示函数式接口的定义,具体代码如下。

```
@FunctionalInterface
interface Student {
    void say();                              //声明一个抽象方法
}
```

以上定义了一个 Student 接口并只有一个抽象方法,即 Student 接口为一个函数式接口。Java 中提炼了一些常用的函数式接口来满足日常的开发需求,如表 12.1 所示。

函数式接口仅仅是一种特殊的接口,并不能独立使用,往往需要配合 Lambda 表达式使用,下面详细介绍 Lambda 表达式。

表 12.1 常用的函数式接口

函数式接口	接口方法	功能描述
Consumer\<T\>	void accept(T t)	消费型接口,有参数无返回值
Supplier\< T \>	T get()	供给型接口,无参数有返回值
Function\<T,R\>	R apply(T t)	供给消费型接口,有参数有返回值
Predicate\<T\>	boolean test(T t)	断言型接口,有参数返回布尔类型

12.1.2 Lambda 概述

Lambda 表达式是一个匿名函数,即没有函数名的函数,Lambda 表达式基于数学中的 λ 演算得名。Lambda 表达式可以减少代码量且优化代码结构,提升程序开发效率,它基于函数式接口进行编码。其语法结构如下。

```
接口名 对象名=匿名函数 ->{
//TODO
}
```

【例 12.1】 了解 Lambda 表达式的具体使用。

```java
//定义函数式接口
@FunctionalInterface
interface Student {
    void say();                              //声明一个抽象方法
}
public class TestFunctionInterface {
    public static void main(String[] args) {
        //Lambda 表达式创建对象并通过匿名函数实现抽象方法
        Student student = () -> {
            System.out.println("你好!");
        };
        student.say();
    }
}
```

程序运行结果如图 12.1 所示。

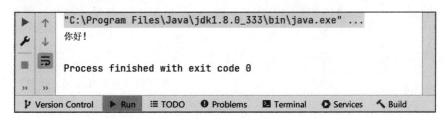

图 12.1 Lambda 表达式

12.1.3 Lambda 示例

通过 Lambda 表达式基于 Runnable 创建线程能直观感受到 Lambda 表达式对代码的

简化。不使用 Lambda 表达式创建线程的方式如下。

```
Thread thread = new Thread(new Runnable() {
    @Override
    public void run() {
        System.out.println("开启了一个新线程");
    }
});
```

以上代码通过 Lambda 表达式实现效果如下。

```
Thread thread1 = new Thread(()->{
    System.out.println("开启了一个新线程");
});
```

通过以上示例可以看出，基于 Lambda 表达式的线程创建方式，代码量减少了，看起来更加简洁，我们只需关心 run 的方法内部业务实现即可，无须关心匿名内部类的具体实现过程，因此通过 Lambda 表达式完成的匿名内部类更加简单直观。

12.2 Stream 流操作

12.2.1 Stream 概述

Stream 是 java.util.stream 包中提供的一个接口，此接口支持对集合或数组中的元素进行顺序或并行操作，可以大大简化代码、提升编程效率。因为 Stream 翻译为"流"，所以也称为"流式操作"，可以通俗地理解为"流水线操作"，类似工厂流水线上的产品需要经过一道道程序才能成为一个合格的商品。接下来通过一个简化示例演示 Stream 操作的基本格式。

Stream 流操作.mp4

```
list.stream().filter(..).sorted().limit(..).forEach(..);
```

以上示例演示集合数据通过 stream 方法转换为 Stream 对象，之后经过过滤（filter）、排序（sorted）、截取（limit）、遍历（forEach），合计四个顺序流程操作之后将集合数据处理成我们想要的数据。Stream 接口的常用方法或称为 Stream API，详细列举如表 12.2 所示。

表 12.2 Stream API

方法名称	功能描述
<R,A> R collect(Collector<? super T,A,R> collector)	使用收集器对此流的元素执行可变缩减操作
long count()	返回元素个数
Stream<T> distinct()	返回去除重复元素之后的 Stream 对象
Stream<T>filter(Predicate<? super T> predicate)	返回与给定条件匹配的 Stream 对象
Stream<T>limit(long maxSize)	返回经过元素截取之后的 Stream 对象

续表

方法名称	功能描述
void forEach(Consumer<? super T> action)	遍历 Stream 中的元素
<R> Stream<R> map(Function<? super T,? extends R> mapper)	返回由 Function 函数式接口处理之后的 Stream 对象
Optional<T> max(Comparator<? super T> comparator)	根据提供的比较器返回此流的最大元素
Optional<T> min(Comparator<? super T> comparator)	根据提供的比较器返回此流的最小元素
static <T> Stream<T> of(T... values)	返回一个给定元素的 Stream 流
Stream<T> sorted()	返回元素升序排序之后 Stream 流
Stream<T> sorted(Comparator<? super T> comparator)	返回元素经过指定规则排序之后 Stream 流
Object[] toArray()	返回 Stream 中的元素为一个数组

12.2.2 Stream 示例

Stream 接口主要用于操作集合，可以大大简化集合操作过程。接下来通过一个示例具体演示 Stream API 的用法。

【例 12.2】 表 12.3 为学生成绩信息。要求根据语文成绩排序，并输出语文成绩最好的学生姓名。

表 12.3 学生成绩信息

姓名	年龄	学科	成绩
张三	16	语文	90
李四	17	语文	95
王五	16	语文	85
赵六	15	语文	88
陈七	17	数学	99

接下来分两步实现上述需求。

步骤 1 创建学生类，并实现 Comparable 接口用于定义集合排序规则，详细代码如下。

```
class Student implements Comparable<Student>{
    private String name;           //姓名
    private int age;               //年龄
    private String course;         //课程
    private int score;             //成绩
    public Student() {
    }
    public Student(String name, int age, String course, int score) {
        this.name = name;
        this.age = age;
        this.course = course;
        this.score = score;
    }
    public String getName() {
```

```java
        return name;
    }
    public void setName(String name) {
        this.name = name;
    }
    public int getAge() {
        return age;
    }
    public void setAge(int age) {
        this.age = age;
    }
    public String getCourse() {
        return course;
    }
    public void setCourse(String course) {
        this.course = course;
    }
    public int getScore() {
        return score;
    }
    public void setScore(int score) {
        this.score = score;
    }
    @Override
    public int compareTo(Student o) {
        if (this.getScore()>o.getScore()){
            return -1;
        } else if (this.getScore()<o.getScore()){
            return 1;
        }
        return 0;
    }
}
```

上述代码中，Student 类实现了 Comparable 接口并重写 compareTo 方法，在此方法中通过学生成绩进行排序。

步骤 2 创建具体学生对象存储在集合中，并通过 Stream API 完成案例需求。具体代码如下。

```java
public static void main(String[] args) {
    //学生集合
    ArrayList<Student> studentList = new ArrayList<>();
    //创建学生对象
    Student zhangsan = new Student("张三", 16, "语文", 90);
    Student lisi = new Student("李四", 17, "语文", 95);
    Student wangwu = new Student("王五", 16, "语文", 85);
    Student zhaoliu = new Student("赵六", 15, "语文", 88);
    Student chenqi = new Student("陈七", 17, "数学", 99);
```

```java
//学生对象存入集合
studentList.add(zhangsan);
studentList.add(lisi);
studentList.add(wangwu);
studentList.add(zhaoliu);
studentList.add(chenqi);
//据语文成绩排序,并输出语文成绩最好的学生姓名
studentList
        .stream()                                          //转换为 Stream 对象
        .filter(stu -> "语文".equals(stu.getCourse()))      //过滤,仅保留语文学科
        .sorted()                                          //排序
        .limit(1)                                          //获取排名第一的学生信息
        .forEach(stu -> {                                  //遍历
            System.out.println(stu.getName()+stu.getCourse()+"分数最高,分
            数为"+stu.getScore());
        });
}
```

上述代码中,首先将 studentList 集合对象转化为 Stream 对象,之后根据 filter()、sorted()、limit()、forEach()四个方法完成流式操作,具体说明如下。

- filter()对数据进行过滤,仅保留语文学科相关的信息。
- sorted()负责排序,排序规则是 Student 类通过实现 Comparable 接口完成。
- limit()用于截取部分数据,代码中仅截取了第一个数据。
- forEach()是用于遍历最终结果数据。

程序运行结果如图 12.2 所示。

图 12.2　Stream 示例运行结果

本 章 小 结

(1) Lambda 表达式简化了 Java 中匿名内部类的初始化过程,让代码更加简洁,程序员能够更加专注于业务实现。

(2) Stream 流操作提供了很多集合操作的方法,简化了集合常规操作的代码量,提升了编程效率。

练 习 题

有一个函数式接口 Calculator，定义 calculate()抽象方法，定义如下：

```
@FunctionalInterface
public interface Calculator{
    double calculate(int a, int b);
}
```

编写程序，使用 Lambda 表达式实现 calculate 方法，使该方法可以计算 a^2+b^2。

第 13 章 项目实战

本章学习目标

- 了解项目开发的流程。
- 熟悉 GUI 图形用户界面设计。
- 熟练项目的编码和测试流程。
- 熟练面向对象程序设计。
- 熟练项目 DEBUG 调试。

13.1 项目介绍

《羊了个羊》是一款风靡全网的休闲益智类型的闯关小游戏,游戏规则是凑齐三个相同的图案就可以将图案消除,直至所有的图案都消除即表示游戏胜利。本章基于 Java 技术模仿《羊了个羊》进行设计与开发,涉及技术包括 Java 基本语法、数组、集合、面向对象、I/O 流、线程等核心内容。通过项目将 Java 核心技术进行串联理解和练习,以便更全面地掌握 Java 编程技巧。接下来从界面设计和功能设计两部分进行项目细节说明。

项目介绍.mp4

1. 界面设计

《羊了个羊》软件界面主要由三部分组成,分别是游戏背景、图标、卡槽,其中图标是界面的核心组成,如胡萝卜图标、剪刀图标等(见图 13.1),也可以根据需求差异设计不同图案的图标,完成个性化的游戏体验。

2. 功能设计

通过游戏界面可以看到游戏的核心功能包括图标显示和卡槽,项目功能详细介绍如下。

1)图标显示功能

游戏界面中图标分多层显示,每一层的图标个数不同,下层被遮挡的图标是灰色且不能点击,最上层的图标是彩色且可以点击。点击图标后,图标会加入下方卡槽。

2)卡槽功能

卡槽用来存放用户选择的图标,最多存放七张图标,图标数量超过卡槽最大容量则游戏结束;当卡槽中凑齐三

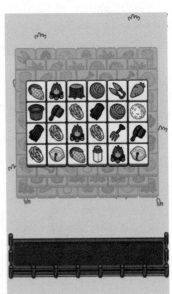

图 13.1 软件界面

张相同的图标会触发消除机制,以此类推,直至所有图标消除则游戏胜利。

接下来根据界面设计和功能设计来完成项目编码。

13.2 图形用户界面

图形用户界面(graphical user interface,GUI)是指采用图形方式显示的计算机操作用户界面。本节需要利用 GUI 相关技术完成项目界面的开发,通常一个软件界面由三部分组成,分别是软件窗体、面板和组件。接下来详细介绍它们的用法。

13.2.1 窗体

窗体是整个软件界面的主体框架,通常窗体中包括窗体标题、窗体大小控制按钮、关闭按钮。在 Java 的 java.awt 包中提供了 JFrame 类来表示窗体,通过创建 JFrame 对象来创建窗体,其常用构造方法如表 13.1 所示。

表 13.1 JFrame 类构造方法

构造方法	功能描述
JFrame()	创建一个没有标题的窗体
JFrame(String title)	创建一个指定标题的窗体

窗体对象的大小和位置等属性由 JFrame 类提供的方法来设置,其常用方法如表 13.2 所示。

表 13.2 JFrame 类常用方法

方法名称	功能描述
void setSize(int width, int height)	设置窗体大小
void setLocation(int x, int y)	设置窗体位置
void setLocationRelativeTo(Component c)	设置窗体相对位置
void setIconImage(Image image)	设置窗体图标
void setDefaultCloseOperation(int operation)	设置关闭按钮的行为
setVisible(boolean b)	显示或隐藏窗体
Component add(Component comp)	添加组件到窗体中

接下来创建一个窗体并指定窗体标题和大小,详细代码如例 13.1 所示。

【例 13.1】 创建一个窗体并指定窗体标题和大小。

```
public static void main(String[] args) {
    //创建窗体对象
    JFrame jFrame = new JFrame("羊了个羊");
    //设置窗体大小
    jFrame.setSize(492,842);
    //设置窗体居中现实
    jFrame.setLocationRelativeTo(null);
    //设置关闭按钮行为,关闭窗体同时退出程序
```

```
        jFrame.setDefaultCloseOperation(JFrame.EXIT_ON_CLOSE);
        //显示窗体
        jFrame.setVisible(true);
    }
```

通过运行上述代码，会在屏幕中间显示一个窗体，程序运行结果如图 13.2 所示。

图 13.2　例 13.1 的运行结果

13.2.2　面板

JPanel 是 Java 中的一个轻量级的面板容器类，面板属于窗体中的子容器，必须依赖窗体才能显示。通过面板可以将同一个窗体中不同区域的组件按照差异化需求进行布局和组合。为了满足这种差异化需求，在窗体中需要加入面板，通过 JPanel 类创建面板的构造方法如表 13.3 所示。

表 13.3　JPanel 类构造方法

构造方法	功能描述
JPanel()	创建一个双缓冲区和流式布局的对象
JPanel(boolean isDoubleBuffered)	创建一个流式布局的对象，根据参数决定是否开启双缓冲区
JPanel(LayoutManager layout)	创建一个自带缓冲区的对象，并根据参数指定布局管理器
JPanel(LayoutManager layout, boolean isDoubleBuffered)	创建一个指定布局管理器和双缓冲区的对象

除此之外，JPanel 类还提供了很多方法来控制面板的各种属性和子组件，本章使用到的方法如表 13.4 所示。

表 13.4　JPanel 类常用方法

方 法 名	功 能 说 明
Component add(Component comp)	添加指定的组件到 JPanel 容器中
void setLayout(LayoutManager mgr)	设置布局管理器
void setBackground(Color c)	设置背景颜色

接下来通过一个示例详细演示 JPanel 的使用,详见例 13.2。

【例 13.2】 面板创建示例。

```java
public static void main(String[] args) {
    //创建窗体对象
    JFrame jFrame = new JFrame("羊了个羊");
    //设置窗体大小
    jFrame.setSize(492,842);
    //设置窗体居中现实
    jFrame.setLocationRelativeTo(null);
    //设置关闭按钮行为,关闭窗体同时退出程序
    jFrame.setDefaultCloseOperation(JFrame.EXIT_ON_CLOSE);

    //-------创建面板------------
    JPanel jPanel = new JPanel();
    //设置面板背景颜色
    jPanel.setBackground(Color.orange);
    //将面板放入窗体中
    jFrame.add(jPanel);
    //显示窗体
    jFrame.setVisible(true);
}
```

程序中创建完面板并设置面板背景颜色,之后需要将面板(JPanel)加入窗体(JFrame)中才能显示,程序运行结果如图 13.3 所示。

13.2.3 常用组件

常用组件包括按钮、文本、图片、复选框、单选框、下拉框等,组件是界面组成的基本单元,通常组件需要添加到 JPanel 等容器中才能正常显示。本小节详细讲解按钮、文本、图片三个组件的使用方法。

1. 按钮组件

Java 中通过 JButton 类来表示按钮组件,创建按钮对象并添加到容器中显示的代码如下。

图 13.3　例 13.2 的运行结果

```java
//创建按钮并指定按钮文字
JButton jButton = new JButton("提交");
//将按钮添加在 JPanel 容器中
jPanel.add(jButton);
```

以上程序创建了一个按钮对象,并在初始化的时候指定了按钮文本,最后将按钮对象添加到 JPanel 容器中才能显示到屏幕上。程序运行结果如图 13.4 所示。

2. 文本组件和图片组件

Java 中文本组件和图片组件都是使用 JLabel 类对象进行显示,JLabel 显示文本和图片的详细代码如下。

```
//创建JLabel对象
JLabel textLabel = new JLabel();
//设置现实文本内容
textLabel.setText("大吉大利!");
//将textLabel对象加入jPanel
jPanel.add(textLabel);
//创建JLabel对象
JLabel imageLabel = new JLabel();
//创建图片对象,并指定图片地址
ImageIcon imageIcon = new ImageIcon("src/resources/icon.png");
//设置图像大小
Image image = imageIcon.getImage().getScaledInstance(60, 60, Image.SCALE_DEFAULT);
//将图像设置到图片对象中
imageIcon.setImage(image);
//将图片对象添加到imageLabl中
imageLabel.setIcon(imageIcon);
//将imageLabel对象加入jPanel
jPanel.add(imageLabel);
```

以上程序通过JLabel创建文本组件和图片组件并显示,程序运行结果如图13.5所示。

图13.4　添加"提交"按钮

图13.5　添加文本和按钮

13.2.4　事件监听器

事件监听器是用来监听用户行为的一种机制,按钮本身不会对用户点击行为做出任何响应,只有在按钮上配置了监听器,才能监听到用户的点击行为,进而为用户点击行为做出响应。Java提供了ActionListener接口作为用户操作事件的监听接口,只需将ActionListener接口的实现类注册到被监听的组件,当用户操作事件发生时,就可以监听到用户操作行为。注册事件监听器的详细代码如下。

```
//创建按钮并指定按钮文字
```

```java
JButton jButton = new JButton("提交");
//创建事件监听器对象(通过匿名内部类创建)
ActionListener actionListener = new ActionListener() {
    @Override
    public void actionPerformed(ActionEvent e) {
        //创建弹出框作为点击事件的提示窗口
        JDialog dialog = new JDialog(jFrame, "提示", true);
        //设置弹出框显示在按钮旁边
        dialog.setLocationRelativeTo(jButton);
        //设置弹出框大小
        dialog.setSize(100, 80);
        //添加弹出框文本信息
        dialog.add(new JLabel("我被点击了"));
        //设置弹出框可见
        dialog.setVisible(true);
    }
};
//将监听器注册到按钮上
jButton.addActionListener(actionListener);
//将按钮添加在 JPanel 容器中
jPanel.add(jButton);
```

以上程序中,事件监听器对象 actionListener 通过按钮组件的 addActionListener 方法完成注册,之后点击按钮就会执行 actionPerformed 方法。此方法中创建了 JDialog 弹出框组件,即点击按钮之后将会弹出一个窗口,程序执行效果如图 13.6 所示。

图 13.6 点击事件

13.2 主界面编码

本节开始进行《羊了个羊》游戏主界面的编码。主界面的核心是主窗体的设计和编码,即需要优先创建主界面的整体框架,包括设置窗口大小、窗口标题、背景图,详细代码如下。

```
public static void main(String[] args) {
    //创建窗体对象,并设置标题
    JFrame mainFrame = new JFrame("羊了个羊");
    //设置窗体关闭按钮的特性
    mainFrame.setDefaultCloseOperation(JFrame.EXIT_ON_CLOSE);
    //设置窗体大小
    mainFrame.setSize(492,842);
    //创建游戏背景面板
    JPanel bgPanel = new JPanel();
    //背景图片地址
    String imagePath = "src/resources/bg.jpg";
    //创建图片对象
    ImageIcon imageIcon = new ImageIcon(imagePath);
    //创建图片显示组件
    JLabel bgImageLabel = new JLabel(imageIcon);
    //添加图片组件到面板中
    bgPanel.add(bgImageLabel);
    //添加面板到窗体中
    mainFrame.add(bgPanel);
    //显示窗体
    mainFrame.setVisible(true);
}
```

程序中设置了窗体的宽度为492像素和高度为842像素,并且添加了游戏背景图,程序运行效果如图13.7所示。

图13.7 游戏主界面示意

13.3 卡片布局编码

卡片布局是在主界面中随机显示不同图案的卡片,卡片为多层矩阵式排列,效果图如图 13.8 所示。

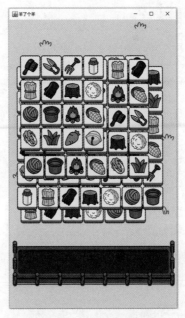

图 13.8 卡片布局示意

卡片布局整体代码比较复杂,为了更好地理解卡片布局如何进行编码设计,需要将其拆分成多个小功能,然后逐一设计和编码,以下是拆分的具体模块和步骤。

步骤 1 创建 Card 类用于封装与卡片相关的属性和行为,Card 类中的属性和方法定义如下。

```java
public class Card {
    private int cardGrooveNum;                              //卡槽中的卡片数量
    //用于保存相同卡片的 Map 集合
    private HashMap<String,ArrayList<JButton>> cardGrooveMap = new HashMap<>();
    public final static int cardWidth = 60;                 //卡片宽度
    public final static int cardHeigth = 67;                //卡片高度
    //
    public void initCards(JPanel panel,int row,int col,int startX,int startY){
        //TODO
    }
    //卡槽内存在的卡片集合
    private ArrayList<JButton> cardGrooveList = new ArrayList<>();
    /**
     * 创建卡片
```

```
     * @param imagePath
     * @return
     */
    public JButton createCard(String imagePath){
        //TODO
        return null;
    }
    /**
     * 卡片定位
     */
    public void cardLocation(JPanel cardPanel,String imagePath,int x,int y){
        //TODO
    }
    /**
     * 卡槽规则
     */
    public void cardGrooveRule(JPanel panel,JButton card){
        //TODO
    }
}
```

步骤 2　完成单个卡片的创建，详细代码如下。

```
public JButton createCard(String imagePath){
    //创建一个按钮对象,并设置按钮的背景图
    JButton card = new JButton(new ImageIcon(imagePath));
    //设置卡片名称,便于查找
    card.setName(imagePath);
    //设置按钮大小和图片大小一致
    card.setSize(59,66);
    //取消按钮边框
    card.setBorderPainted(false);
    //取消按钮填充色
    card.setContentAreaFilled(false);
    return card;
}
```

考虑到游戏中卡片可以点击，则需要在卡片上注册事件监听器。代码中通过 JButton 按钮组件作为卡片的载体，在按钮对象中设置图片、大小、边框和填充等属性之后就完成了一个卡片的创建。

步骤 3　显示卡片到主界面中，也就是将 JButton 对象添加到主窗体的面板容器中，详细代码如下。

```
public void cardLocation(JPanel cardPanel,String imagePath,int x,int y){
    //调用 createCard 方法完成卡片的创建
    JButton card = createCard(imagePath);
    //设置卡片显示位置,给予横纵坐标轴进行定位
    card.setLocation(x,y);
```

```
        //将卡片添加到面板容器中
        cardPanel.add(card,0);
}
```

以上代码中定义了 cardLocation 方法,方法第一个参数 cardPanel 为面板容器,是用来添加卡片的容器;第二个参数 imagePath 为卡片上显示的图片地址;第三个参数 x 为左边距;第四个参数 y 为上边距。此方法中除了将 card 组件添加到 cardPanel 面板容器中之外,通过 setLocation(x,y)方法设置了 card 组件的坐标,即在面板容器中的显示位置,如图 13.9 所示。

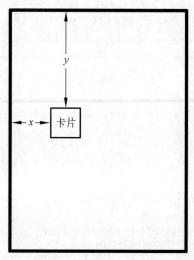

图 13.9 卡片定位

步骤 4 多张卡片矩阵式排列的逻辑分析。首先,同一行显示多张卡片,它们的上边距相同,仅左边距存在差异,假设第一张卡片的左边距是 30,则第二张卡片的左边距是 30 加上第一张卡片的宽度,第三张卡片左边距是 30 加上前两张卡片的宽度之和,以此类推,可以在同一行显示多张卡片。其次,在同一列显示多张卡片,同一列卡片的左边距相同,上边距为固定上边距加上前面卡片的高度之和,如图 13.10 所示。

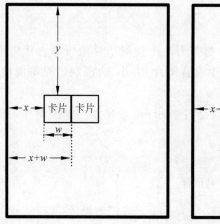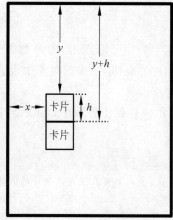

图 13.10 多卡片定位

通过以上分析可知,显示多个卡片的关键是总结它们的上边距和左边界的算法,此算法为同一行第一列卡片左边距(startX)加上卡片的宽度(cardWidth)等于第二列卡片的左边距,则第 n 列卡片的左边距计算公式为"startX+cardWidth*$(n-1)$",同理,第 n 行卡片的左边距计算公式为"startY+cardHeigth*$(n-1)$"。多卡片定位的核心代码如下。

```
cardLocation(panel,imagePath,startX+currentColNum*cardWidth,startY+
currentRowNum*cardHeigth);
```

其中,currentColNum 和 currentRowNum 分别当前已经存在的卡片行数和列数,即上述公式中的"$n-1$"。

步骤 5　将如图 13.11 所示的 16 张图片按照 6 行 6 列的矩阵进行随机显示。首先,需要加载全部图片完成卡片的创建;其次,按照步骤 3 的算法完成卡片的布局,详细代码如下。

```
public static void initCards(JPanel panel,int row,int col,int startX,int startY){
    //步骤1  加载所有图片(共16张)
    File file = new File("src/resources/01");
    //获取图片数组
    File[] files = file.listFiles();
    //需要显示的卡片数量,如 6 行 6 列,即需要显示 36 张卡片
    int cardsNum = row*col;
    //步骤2  计算每一张卡片的显示位置
    //初始卡片行数为0(即第一行)
    int currentRowNum = 0;
    //通过循环依次定位矩阵中的所有卡片
    for (int i = 0; i < cardsNum; i++) {
        //获取当前显示的列数(0为第一列)
        int currentColNum = i%col;
        //当显示到最后一列进行换行显示,即 currentRowNum 加一
        if (i!=0 && currentColNum==0) {
            currentRowNum++;
        }
        //获取图片地址
        //获取图片地址
        Random random = new Random();
        String imagePath = files[random.nextInt(16)%16].getPath();
        //图片显示的核心算法
        card.cardLocation(panel,imagePath,startX+currentColNum*cardWidth,
        startY+currentRowNum*cardHeigth);
    }
}
```

以上代码中"src/resources/01"为图片所在路径,通过程序中 initCards 方法显示 6 行 6 列的卡片矩阵的调用方式如下。

```
initCards(bgPanel,6,6,30,100);
```

其中,参数值 bgPanel 为主界面中的面板容器对象,第二个参数值和第三个参数值表示

6 行 6 列的矩阵,参数值 30 表示左边距,参数值 100 为上边距。程序运行效果如图 13.12 所示。

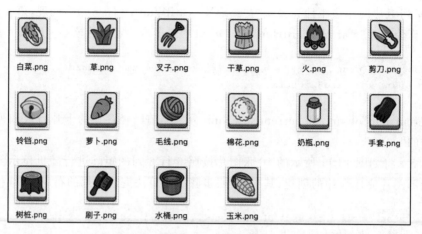

图 13.11　卡片图案

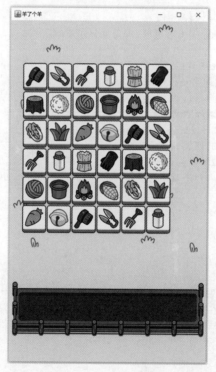

图 13.12　卡片矩阵布局

实现多层卡片布局只需要将 initCards 方法执行多次即可,详细代码如下。

```
initCards(bgPanel,6,6,30,100);        //第一层卡片
initCards(bgPanel,6,7,20,130);        //第二层卡片
initCards(bgPanel,5,6,40,150);        //第三层卡片
initCards(bgPanel,4,4,120,180);       //第四层卡片
```

以上程序运行效果如图13.13所示。

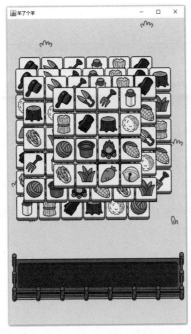

图13.13　多层卡片布局

13.4　卡槽功能编码

卡槽功能是基于卡片布局之后,被点击的卡片被添加到卡槽区域,卡槽规则如下。
(1) 当卡槽区域的图片多于七个表示卡槽满了,即游戏结束。
(2) 当卡槽中有三个相同图案的卡片,则从卡槽消除此三张卡片,直到所有的卡片全部消除,即游戏胜利。

以上逻辑分为三步来完成,具体步骤如下。
步骤1　给卡片注册事件监听器,在cardLocation()中添加如下代码。

```java
public void cardLocation(JPanel cardPanel,String imagePath,int x,int y){
    //调用createCard方法完成卡片的创建
    JButton card = createCard(imagePath);
    ...
    //在卡片上注册事件监听器
    card.addActionListener(new ActionListener() {
        @Override
        public void actionPerformed(ActionEvent e) {
            //TODO
        }
    });
}
```

步骤2 将被点击的卡片添加到卡槽区域,且卡槽中的卡片总数大于7时游戏结束。在事件监听器的 actionPerformed(ActionEvent e) 中进行卡片重新定位,具体代码如下。

```java
public void actionPerformed(ActionEvent e) {
    //当卡槽中卡片数量大于或等于7的时候,则游戏结束
    if (cardGrooveNum>7){
        System.out.println("卡槽满了,游戏结束!");
        return;
    }
    //获取当前被点击的卡片组件
    JButton currentCard = (JButton) e.getSource();
    //移除卡片上注册的事件监听器
    currentCard.removeActionListener(this);
    //将卡片添加到卡槽区域(即重新定位)
    currentCard.setLocation(30+60 * (++cardGrooveNum),642);
}
```

以上代码中参数值 642 是卡槽所在区域的上边距,数字 30 是卡槽的左边距,数字 60 是卡片的宽度,potCardNum 为全局变量,表示是卡槽中卡片的数量。以上程序运行结果如图 13.14 所示。

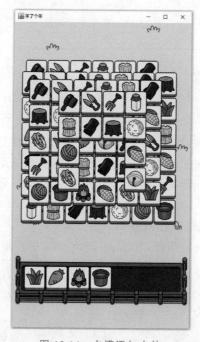

图 13.14 卡槽添加卡片

步骤3 卡槽内如果有三张相同的卡片则消除,直至所有卡片消除则游戏胜利。具体规则分解成如下两步。

(1)当卡槽内有三张相同的图片则消除。具体代码实现如下。

```java
public void cardGrooveRule(JPanel panel,JButton card){
```

```java
        //进入卡槽的卡片添加到卡槽集合中
        cardGrooveList.add(card);
        //获取卡片名称
        String name = card.getName();
        //判断卡槽中是否有三张相同的卡片
        //将相同的卡片存储到同一个List集合中,便于后期逻辑判断
        ArrayList<JButton> arrayList = cardGrooveMap.get(name);
        //如果从Map中获取的List集合为空,则表示此卡片第一次被加入卡槽
        if (arrayList == null) {
            //创建新集合,用户存储于当前卡片相同的卡片
            arrayList = new ArrayList<>();
            //将第一张卡片存储到集合
            arrayList.add(card);
            //将集合存入Map中,方便后面查询
            cardGrooveMap.put(name,arrayList);
        } else {
            //如果相同的卡片第二次在卡槽出现,则将卡片存入同一个集合
            arrayList.add(card);
            int size = arrayList.size();
            //当相同的卡片数量为3时,则执行消除逻辑
            if (size == 3) {
                //消除逻辑
                for (int i = 0; i < size; i++) {
                    JButton jButton = arrayList.get(i);
                    jButton.setVisible(false);
                    panel.remove(jButton);              //删除组件
                    cardGrooveList.remove(jButton);     //从集合中移除组件
                }
                cardGrooveNum-=3;                       //重新计算卡槽中的卡片数量
                //对卡槽中的卡片重新排序
                for (int i = 0,len=cardGrooveList.size(); i < len; i++) {
                    JButton jButton = cardGrooveList.get(i);
                    jButton.setLocation(30+60 * i,642);
                }
            }
        }
    }
}
```

(2) 当所有卡片都消除,则游戏胜利。具体代码实现如下。

```java
//当所有卡片都消除,则游戏胜利
//获取容器中的卡片数量
int componentCount = panel.getComponentCount();
//当数量为0时则游戏胜利
if (componentCount == 0) {
    System.out.println("游戏胜利");
}
```

将以上代码写在cardGrooveRule()最后面,即每次消除卡片时都判断容器中剩余的卡片数量,为0则游戏胜利。

项目启动入口是 main 方法，main 方法完整代码如下。

```java
public static void main(String[] args) {
    //创建窗体对象，并设置标题
    JFrame mainFrame = new JFrame("羊了个羊");
    //设置窗体关闭按钮的特性
    mainFrame.setDefaultCloseOperation(JFrame.EXIT_ON_CLOSE);
    //设置窗体大小
    mainFrame.setSize(492,842);
    //创建游戏背景面板
    JPanel bgPanel = new JPanel(null);
    //背景图片地址
    String imagePath = "src/resources/bg.jpg";
    //创建图片对象
    ImageIcon imageIcon = new ImageIcon(imagePath);
    //创建图片显示组件
    JLabel bgImageLabel = new JLabel(imageIcon);
    bgImageLabel.setSize(480,800);
    //添加图片组件到面板中
    bgPanel.add(bgImageLabel);
    //添加面板到窗体中
    mainFrame.add(bgPanel);
    //显示窗体
    mainFrame.setVisible(true);
    //自定义的卡片对象
    Card card = new Card();
    card.initCards(bgPanel, 6, 6, 30, 100);      //第一层卡片
    card.initCards(bgPanel, 6, 7, 20, 130);      //第二层卡片
    card.initCards(bgPanel, 5, 6, 40, 150);      //第三层卡片
    card.initCards(bgPanel, 4, 4, 120, 180);     //第四层卡片
}
```

至此，《羊了个羊》项目界面和功能都实现了，通过此项目我们可以深度掌握面向对象设计思想，以及熟练使用集合、数组等知识点，提升了 Java 程序设计的综合能力。

本 章 小 结

本章通过《羊了个羊》游戏项目将 Java 基础核心内容串联讲解，由点到面的技术讲解过程让我们深入体会 Java 语言程序设计的魅力，且加深对全书技术点的理解和练习，能更好地掌握 Java 核心技术点，为今后的学习和工作打下坚实基础。

参 考 文 献

[1] BruceEckel.Thinking in Java[M].4版.北京：机械工业出版社,2007.
[2] Y.Daniel Liang.Java语言程序设计[M].12版.北京：机械工业出版社,2020.
[3] 耿祥义,张跃平.Java 2实用教程[M].6版.北京：清华大学出版社,2021.
[4] 叶核亚.Java程序设计实用教程[M].5版.北京：电子工业出版社,2019.